有些人生经验知道得越早越好

有些人生经验知道得越早越好

展鹏◎编著

研究出版社

图书在版编目（CIP）数据

有些人生经验知道得越早越好 / 展鹏编著.
— 北京: 研究出版社，2013.1（2021.8重印）
ISBN 978-7-80168-750-0

Ⅰ.①有…

Ⅱ.①展…

Ⅲ.①人生哲学－通俗读物

Ⅳ.①B821-49

中国版本图书馆CIP数据核字（2012）第308181号

责任编辑：之　眉　　　　**责任校对：**陈侠仁

出版发行：研究出版社

地　址：北京1723信箱（100017）

电　话：010-63097512（总编室）　010-64042001（发行部）

网址：www.yjcbs.com　E-mail: yjcbsfxb@126.com

经　　销：新华书店

印　　刷：北京一鑫印务有限公司

版　　次：2013年4月第1版　2021年8月第2次印刷

规　　格：710毫米×990毫米　1/16

印　　张：14

字　　数：205千字

书　　号：ISBN 978-7-80168-750-0

定　　价：38.00 元

前 言
FOREWORD

  做人有很大的学问，特别是初入社会的年轻人，更需要学习做人的经验。何时该进，何时该退；何时该发脾气，何时该深藏不露，等等，凡此种种都要学习。那么这些经验又从何而来呢？日常生活中、工作中、人际交往中，随时随地都可以学习。学习一些做人的经验，领会做人的道理，才能灵活应对人情世故，建立良好的人际关系。

  在为人处世中，有些人不管不顾、自私自利、刻薄尖锐，又爱斤斤计较，这种人肯定不受欢迎。生活中，处理人际交往中存在的问题，让人们伤透了脑筋，毕竟"江湖"险恶，不管你是说错了话、交错了朋友、防范心理不够强等，都可能招致灾祸。

  做人要讲求方圆之道。所谓方，是告诉人们在为人处世之中，学做人的同时不能违背内心的原则；做人要圆，顾名思义就是要求人们在为人处世中要灵活，这样就不容易让自己与别人受到伤害。

  方圆之道在于知进退，而不是一味地前进或者后退。现实生活中，并非人人能如此，等到撞得满身伤痕时再退为时已晚。所以，做人既不要过分，也不要不及；既要懂得适当圆滑世故，又要有做人的原则与底线。

  成功是人们普遍追求的。"别人的成功，永远是自己的榜样"。这句话道出了成功做人的玄机，别人的成功经验我们可以吸收，失败的经验教训我们同样可以借鉴。提早知道一些宝贵的人生经验，也许就可以少走很多弯路，就可以少碰几次壁，就可以及早获得成就，这是很简单但真实的道理。

  本书内容丰富，涉及做人的很多方面，从性格的磨炼、习惯的养成、自我修养的提升、自我的认知、做人的心态、说话的技巧、做人的方法、如何结交朋友等九个大方面，全面把握年轻人在为人处世过程中所要面临的实际问题，并通过对具体事例的分析，全面揭示了作为一个涉世未深的年轻人应该具备的基本素质。

书中选用了古今中外的经典事例，可以让你在读故事中学到做人的经验与道理，同时具有非常现实的借鉴性和可操作性。书中列举的大量事实说明了，作为一个年轻人，应该如何面对自己、面对他人、面对困难挫折、如何调整自我等。相信渴望成长进步的你，一定能在本书中，获得可观的启示与帮助。

目 录
CONTENTS

第三章　调整心态，戒骄戒躁

第四章　善于察言观色，掌握说话艺术

第五章　以礼数待人，明方圆之道

第六章　聪明深处是糊涂，大智之人看似愚

第九章　搞好人际关系，赢得他人尊重

5

第一章

诚信是你立足的资本

　　做人无论什么时候，都不能失去诚信与宽厚的道德品质，诚信是一种无形的资本，需要我们精心维护和慢慢积累，这也是在社会上立足的根本，一个人只有言出必行、宽容待人，才能在众人之中显得大气而沉着，才能让人心服口服。

宽容是走向成功的第一道门

古人语："海纳百川，有容乃大。"意思即为，做人要有宽广的胸襟，要有容人之量。一个人如果总是只为自己着想，那么在与别人相处的过程中，难免会失去很多重要的机遇，所以做人一定要有气度，能够宽厚为怀。

宽厚为怀，就是不计前嫌，用热情对待来取代斤斤计较、有仇必报，这样不仅可以彻底消除彼此间的隔阂，而且还是提高人气的好方法，你的宽厚大度，有可能会换来别人对你的感恩和佩服，从而让别人由衷地敬重你。

三国时期，东吴老将程普原先与周瑜不和，双方关系相当紧张，周瑜并没有因程普对自己不友好，就"以其人之道，还治其人之身"，反而将程普的过错，全部包含在自己宽大的度量中。

久而久之，程普被周瑜的宽宏大量所感动，对他钦佩不已，以至与周瑜交往若"饮醇醪自醉"，就像喝了又浓又醇的美酒，让人心爽神清。

宽厚待人，以谅解的态度去对待别人，随着时间的推移，对方对待你的态度终归也会改变。在受到他人误解、与人因冲突彼此产生隔阂时，不要因为对方对待自己的态度恶劣，而改变自己宽厚待人的原则，要始终以友好的方式对待对方。

宽以待人，就是在人际交往中有较强的相容度。人们往往把宽广的胸怀比作大海，能广纳百川之细流，也不拒暴雨和冰雹；也有人把忍耐性比作弹簧，具有能屈能伸的韧性。谁若想在困厄时得到援助，就应在平时待人以宽。这就是说，兼容接纳、团结更多的人，在顺利的时候共奋斗，在困难的时候共患难，进而增加成功的力量，创造更多成功的机会。反之，相容度低，则会使人疏远，减少合作力量，人为地增加阻力。

人往往能够将别人的缺点看得一清二楚，但这并不意味着可以因此严厉地指责别人。在与人相处时，要懂得随时体谅他人，在温和且不伤害人的前提下，适宜地帮助别人。以严厉的态度对待别人，容易招致他人的怨恨，反而无法达到目的。若要避免遭受人为的困扰，关键在于宽容。处世做人不应用苛刻的标准去要求别人，要尊重人家的自由权利，只有做一个肯理解、容纳他人的优点和缺点的人，才会受到他人的欢迎。而对人吹毛求疵，又批评又说教没完没了的人，很难有亲密的朋友，大家对他只有敬而远之。

因此，人应当有广阔的胸怀，宏大的气度。大河里生活的鱼，不会因遇到一点风浪就惊慌失措；而小溪里的鱼就不同了，一感觉到有点异常动静，立刻四处逃窜。人也是这样的，胸襟坦荡宽广的人不会为芝麻般的小事而忙得团团转，他们把目光投向生活的深度和广度，他们是做事稳重、从容不迫的人。

战国时，梁国与楚国交界，两国在边境上各设界亭，亭卒们也都在各自的地界里种了西瓜。梁亭的亭卒勤劳，锄草浇水，瓜秧长势极好，而楚亭的亭卒懒惰，对瓜事很少过问，瓜秧又瘦又弱，与对面瓜田的长势简直不能相比。楚人死要面子，在一个无月之夜，偷跑过去把梁亭的瓜秧全给扯断了。梁亭的人第二天发现后，气愤难平，报告给县令宋就，说我们也过去把他们的瓜秧扯断好了。宋就听了以后对梁亭的人说："楚亭的人这样做当然是很卑鄙的，可是，我们明明不愿他们扯断我们的瓜秧，那么为什么再反过去扯断人家的瓜秧？别人不对，我们再跟着学，那就太狭隘了。你们听我的话，从今天起，每天晚上去给他们的瓜秧浇水，让他们的瓜秧长得好，而且，你们这样做，一定不可以让他们知道。"

梁亭的人听了宋就的话后觉得有道理，于是就照办了。楚亭的人发现自己的瓜秧长势一天好似一天，仔细观察，发现每天早上地都被人浇过了，而且是梁亭的人在黑夜里悄悄为他们浇的。楚国的边县县令听到亭卒们的报告后，感到非常惭愧又非常敬佩，于是把这事报告给了楚王。楚王听说后，也感于梁国人修睦边邻的诚心，特备重礼送梁王，既以示自责，也以示酬谢，结果这一对敌国成了友邻。

以仁恕之道推及他人，可以使人有个宽广的胸怀，容忍别人的过失。同时，也可以不因别人合理的指责自己而迁怒别人，达到人际关系的和谐。

君子能容人所不能容，宽容大度，不仅可以促进人际关系，还可以树立自身形象。无论是什么样的人，都希望自己能给他人留下一个好印象，从而提高一些人气，如果没有了人气也就相当于没有了影响力，一个名声不好的人，到哪里都不会受人尊敬和爱戴。

要想做到宽厚大度，就要求我们在社交活动中必须摒弃个人私欲，不能被自私自利的想法控制了思维，为自己的一己之利与他人争得面红耳赤；也不能为了炫耀自己，而伤害了他人。同样，像那种"报复之心""妒忌之念"作崇时，更应该及时消除，不能让它们在自己的脑海中存活。

有容乃大，是时代成功者必须锻造的一种品性。宽容是以辽阔的胸襟容纳各种智慧，宽容是一种与人相处的良好品格，更是吸纳他人长处、充实自我、创造自我价值的良好思维品质。

宽容是一种积极的人生态度。面对市场激烈的竞争，一个人必须有宽阔的胸襟，才能保持良好的竞争状态，偏狭和嫉妒只会让自己的路越走越窄，最终走向失败。

宽容是处世做人的要点。一个以敌视的眼光看人、对周围的人处处提防、不能宽大为怀的人，必然会因孤独而陷于忧郁和痛苦之中；而宽宏大量、与人为善、宽容待人、能主动为他人着想、肯关心和帮助别人的人，则讨人喜欢，被人接纳，受人尊重，具有魅力，才能更多地体验成功的喜悦。

生活中常常有些人，无理争三分，得理不让人，小肚鸡肠。相反，有些人真理在握，不声不响，得理也让三分，显得绰约柔顺，君子风度。前者，往往是生活中的不安定因素，后者则具有一种天然的向心力。一个活得叽叽喳喳，一个活得自然潇洒。

假如是重大的或重要的是非问题，自然应当不失原则地论个青红皂白，甚至为追求真理而献身也值得。但日常生活中，也包括工作中，有人往往为一些非原则问题争得不亦乐乎，谁也不肯甘拜下风，说着论着就较起真来，以至于非得决一雌雄才算罢休，严重的甚至还会大打出手，或闹个不欢而散，影响团结。

争强好胜者未必掌握真理，而谦和的人，原本就把出人头地看得很淡，更不屑为一点小是小非而争论。越是你有理，越表现得谦和，往往越能显示一个人的胸襟之坦荡、修养之深厚。

与人方便，自己方便。以善良的人性为人处世，自然会获得他人的认可。一个能成就一番事业的人，定是一个心胸开阔的人。

年轻人要成大事，一定要有一个开阔的胸怀，只有养成了使自己的胸襟开阔、坦然面对、包容一些人和事的习惯，才会在将来取得事业上的成功与辉煌。

用真诚的心赢得他人的信任

诚实是为人处世的优良品格，也是取得事业成功的必备美德。不论什么时候，也不论是在什么情况下，诚实都能让你赢得他人的敬重和信任。

富兰克林曾说过："一个人种下什么，就会收获什么！"只有诚实才能取胜于人，诚实的价值比靠欺骗得来的利益大过无数倍。

作为一个年轻人，立足于社会，任何时候都不能缺少诚实的品质，诚实能赢得他人对你的尊重和信任，也能为以后的成功埋下伏笔。

我国历史上著名词人晏殊在还没有成年时就参加过殿试考试，他看了试题后说："我10天前已经做过这个题目，而且文章草稿还保存着，请皇上换别的题目吧。"宋真宗对晏殊这种诚实的表现非常欣赏。

有一年，宋真宗特许臣子们挑选旅游胜地举行宴会。不管大小官员都积极地报名参加，晏殊由于生活拮据，没钱出去游玩，便留在家中与兄弟读书论理。

有一天，宋真宗为太子挑选辅佐的官员，众人中宋真宗挑选了晏殊担此大任。当朝宰相不明白皇帝的真正用意，真宗解释说："我听说各级官员，无不游山玩水，大吃大喝，通宵达旦，歌舞不绝，唯有晏殊闭门与兄弟读书，如此谦厚，正可担当辅佐太子的重任。"晏殊听说后，坦白地告诉宋真宗说："我并不是不喜欢游乐吃喝，只是因为我当时没钱，如果有钱，这些旅游宴会我也会参加的。"宋真宗听完晏殊的解释，不但没有生气反而更加重视他。宋仁宗时，晏殊被提升为当朝宰相。

有这样一则寓言故事：从前，有一个老国王，他没有子嗣，眼看王位无人可继，他便昭告天下："我要亲自挑选一名诚实的孩子做我的义子，继承我的王位。"

很多孩子都想当国王的儿子，于是都来到王宫面见国王。老国王拿出许多花的种子，分发给每个孩子，然后对他们说："谁能用种子培育出最美丽的花朵，我就收养谁做我的义子。"

孩子们回到家以后，在大人的帮助下，播种、浇水、施肥、松土，照顾得十分细心。有一个叫雄日的男孩子，每天都自己用心培育自己的花。可是眼看时间过去半个月了，也没见种子发芽，他觉得很纳闷，于是就问母亲。母亲说："你把花盆的土换一下看看可以吗？"雄日听了母亲的意见。重新换了土壤，但仍然不见种子发芽。

向国王献花的日子很快就到了，其他孩子都捧着盛开的鲜花，等待国王的奖赏。只有雄日捧着没有开花的花盆默默流泪。

老国王看见了，就问他："你为什么只有花盆而没有鲜花呢？"雄日把他如何用心培育，但是种子却没有发芽的经过告诉了老国王。

老国王听了，高兴地拉着雄日的双手说："你就是我最忠实的儿子。其实我给大家的种子都是煮熟了的，根本就发不了芽开不了花。"

因为诚实，雄日继承了国王的王位。

诚实待人可获得好人缘，真诚的人容易受到机会的青睐，然而创造机会的人正是你身边受过你真诚相待的朋友。

大多数年轻人都能够真诚地对待身边的朋友，如果对朋友心怀鬼胎，被朋友孤立是迟早要发生的事。

真诚也要讲究策略，有时候会达到意想不到的效果，年轻人在为人处世的过程中，可以遵从以下几点：

（1）真诚要发自内心

话说得有多漂亮不管用，重要的是你的心真诚不真诚。心口不一、巧言令色，只会让他人心生反感。任何人都不是糊涂之辈，定会揭穿你的阴谋，因为内心不诚，即使嘴巴上说得再好听，也会被对方发现破绽，岂不是心劳日拙？反之，如果真诚是发自内心的，即使拙嘴笨舌、不善言表，在行为上他人也能体会到你的真心实意。只要双方没有什么误会，你真诚地对他，对方必定会感激你，说不准什么时候给你送上一份大礼。

（2）欺骗是真诚的死敌

与人交往时，最忌讳的就是采用欺骗的手段对待朋友。欺骗也许能得一时之利，但绝对不会维持长久，更何况纸始终包不住火，迟早会被他人察觉，一旦东窗事发，在他人的心目中你的形象会一落千丈，对你失去信任，即使以后你再用真诚对待他，别人也会认为那是一种虚伪的姿态。

或许你曾经遇到过这样的人：你以一颗真诚的心去对待他，他却以虚伪的态度应付你。这时，你可能会对真诚的作用产生怀疑，为自己的真心付出而感到不值。

其实，大可不必怀疑真诚的作用，因为你所遇到的只是一个例外，真诚对于绝大多数人还是生效的。换种说法，也许你的真诚还不足以打动对方的心。对一切你要采取"反求诸己"而不是"求诸于人"的态度，这是以真诚打动人的唯一原则。

（3）对人真诚也要分清状况

如果对方是一个颇有心计的人，你还与之深交、畅所欲言，只能说明你是一个愚蠢的人。

真诚有3种限制：一是人，二是时，三是地。对人真诚袒露胸怀时必须具备这3个条件。是其人但时机不对，不能一吐为快；时机成熟，倾诉的对象不对，也不能说；倾诉对象和时机都成熟，但地方不对，依然不能说。只有同时符合这3个条件，才能拿出你的真诚。当然，这与上面所讲的对人要真诚的说法并不自相矛盾。

总之，真诚待人是一种习惯，习惯的养成来源于生活中的小事，因此，要想成为一个真诚的人必须从小事做起。当你不便讲真话时，也不要编造谎言蒙骗他人。

几乎任何一件有价值的事，都包含有它本身不容违背的真诚内涵。当你探究其中的真谛时，能发现自己的做人方法也在逐渐地完善，能够体会到其中的巨大力量，最终，它将使你终身都受益无穷。

言出必行，行则必果

古人云："君子一言既出，驷马难追。""言出必行，行则必果。"这是做人的准则，也是处理好人际关系、树立威信的有效方针。

诚信是立身之本，在社会交往中起着不可替代的作用，没有诚信就无法在社会中立足，古代谋略家都把诚信当作笼络人的一种手段，并且非常有效。利用诚信作武器，几乎所向无敌。

建安五年，曹操出兵东征。刘备被迫投奔袁绍，而关羽则为曹操捕获，拜为偏将军。曹操对关羽很尊重，待之以厚礼。后来，曹操发现关羽心神不宁，并没有久留的意思，于是对张辽说："请你去试着问问关羽，是否愿意留在这里。"于是，张辽来到关羽的住处，询问关羽的意见，关羽叹息说："我知道曹公对我厚爱，但是，我既受到刘备的知遇大恩，并起过共生死的誓愿，是不能背信弃义的，我总有一天要离开的，但在离开以前，对曹公一定要有所回报。"张辽转告了曹操，曹操敬重关羽的义气。后来，关羽斩杀了袁绍的大将军颜良、文丑，并解了曹操的白马之围，曹操知道他肯定是要走了，于是，重重赏赐了关羽。而关羽则把曹操所有赏赐的东西，原封不动地包好留下，投奔正在袁绍军营里的刘备去了。曹操的部下要去追杀关羽，曹操说："人，各有其主，不要去追他。"（《三国志·蜀书六》）

后人对曹操处理这件事的做法表示赞赏，认为曹操赏识关羽对刘备的忠心，不胁迫关羽留下而成全关羽的义气，具有帝王的气概和风度。由此看出，即使是像曹操这样的枭雄，都不敢失去信义，可见信义对人际交往是多么重要啊。

成吉思汗入主中原后，为了统治需要，提倡忠君思想，以此作为维护统治的精神支柱。对待归降的将士，凡是背弃和戮杀旧主的，一律处死；凡放走旧主，使之逃跑，或为掩护旧主而积极抵抗的，反而以礼相待并予重赏。据历史记载："桑昆曾设计谋害成吉思汗，后来桑昆战败而出逃，他的儿子阔阔出盗走桑昆的坐骑，将桑昆丢弃在荒野上，独自来投降成吉思汗。成吉思汗说：'这样的人怎么能叫他做我的部下？'于是杀死了阔阔出。"

成吉思汗对王汗却是另一番情形。王汗与成吉思汗奋战三天三夜，最后精疲力竭，准备投降。投降前，王汗对成吉思汗说："请您让我的部下走得远些，这样的话，您让我死，我便死，赐我活，我就为您效劳。"成吉思汗说："不肯背弃主人，而叫部下逃命跑得远远的，一个人同我厮杀，这难道不是大丈夫作为吗？这样的人可以做我的助手。"

西门豹治邺时，将粮食储藏在民间，说好战争一旦爆发，以鼓为号，立即将粮食集中起来。魏文侯不相信，西门豹于是登上城楼，下令击鼓。第一遍鼓响之后，百姓们有用肩背的，有用车装的，迅速把粮食集中起来。魏文侯说："算了，让他们回去吧！"西门豹说："在老百姓中建立信义不是一天就可以完成的。一旦欺骗了他们，以后就不能再取信于民了。现在燕国侵占了我们8个城池，我请求让我率军向北反击，以收复被侵占的城池。"于是，举兵讨伐燕军，收复失地后，凯旋。（《淮南子》卷十八）

司马光曾经说过："信义，是君王的最大法宝。国家靠人民保护，人民靠信义保护。不讲信义，就无法使唤人民；没有人民，就没有办法守卫国家。

所以，善于治理国家的人，不欺骗自己的臣民；善于持家的人，不欺骗自己的亲人。不善于为王称霸，治国持家的人正好相反，欺骗邻国，欺骗百姓，甚至于连自己的兄弟父子也要欺骗。上下离心离德，最终导致失败。这岂不是太可悲了吗？"司马氏之言，确有一番道理可寻。

人际交往中诚信的建立非常重要，要做到言出必行，行则必果很重要。首先示人以诚，各种策略才能有效实行；若失信于人，任你再高明的计谋也无法实现，任何事业也很难做成。

用仁爱之心去包容一切

仁爱是做人的一种大智慧。人与人之间原本就没有什么深仇大恨，也没有太大的利害冲突，偶尔发生一些小摩擦是在所难免的。这时，需要用一颗仁爱之心去面对。

仁爱之心是一种高尚的品德，这一点毋庸置疑。但是饶人并不是没有个限度，见到别人做了坏事，还要饶恕他，替他掩藏几分，这就不能称之为饶恕，应该换个词叫作姑息。

南宋的沈道虔为人仁爱厚道。他家的菜园里，种有萝卜。一天，沈道虔从外面回到家刚要推门，发现有一个人正在菜园里偷他家的萝卜，他没有像其他人那样大喊捉贼或上前与其厮打，而是连忙躲避起来，等偷萝卜的人走后他才出来。

还有一次，沈道虔发现有人拔他屋后的竹笋，他命人告诉那偷笋的人说："这片笋还小，留着它们长大后可成竹林。如果你要竹笋我可以送你比这个更好、更大的。"他命人到集市上买了两个又新鲜又大的竹笋，给偷笋人送到了家里，那人惭愧地低下了头。

沈道虔的家庭并不是非常富有，为了生活他经常带孩子们到田里去拾麦穗。一次，他在拾麦穗的过程中，遇到两个为麦穗而争吵的人。他二话没说，把自己拾到的所有麦穗都给了争抢人，二人见状顿时停止了争抢，惭愧得羞红了脸转身离开了。

仁爱是制止争吵的良药，同时也是帮助他人改正错误的好方法。生活中的小事，如果不涉及原则问题就大度一些，没什么大不了的，吃点亏就吃点亏。

曹操的曾祖父曹节的仁厚在乡里广为流传。一次，邻居家的猪跑丢了，碰巧曹节家的猪与邻居家跑丢的那头猪长得几乎一样。邻居找到曹家，说曹节养的猪原本是他家的。曹节没有与邻居争吵一句，就把猪交给了邻居。

后来，邻居家的猪找到了，才知道搞错了，连忙将猪给曹节送了回去，并连连道歉，曹节宽厚地笑了笑，并没有责备邻居。

沈道虔和曹节这种仁厚看起来似乎有点愚，对他人的坏毛病也照单全收，宽容忍让了事，在一些人眼里他们似乎显得有些窝囊懦弱。而事实上，却真正说明了他们为人厚道。

偷萝卜、拔笋、争麦穗，虽然是错误的行为，但也是出于贫穷的无奈，有什么必要穷追不舍、争吵不休呢？争吵甚至殴打可以替他纠正错误、一改常态吗？不能。

以上所列古人一心为他人着想，宁愿自己吃亏，由此可见其高尚的人品与完美的处世方法。

生活中，不采取极端的方式揭穿打击他人的坏处，而是本着包容的态度让对方自觉惭愧，岂不更好？他人会感激你为他保留面子，维护他的尊严，还会发自内心地感激你。否则，只会搞得两败俱伤，毁了自己的名誉也坏了双方的感情。

做个受欢迎的人其实不难，只要你能做到用仁爱之心去包容一切，人生之路自然越走越宽。

人无信则不立

一个人只有讲信用，才会在社会上不吃亏，别人才会信任你。诚信是人立足社会之本，也是想要做大事必备的一种品质。年轻人要想成大事必须讲诚信。

韩国现代集团的郑周永是这样的践行者。

郑周永是一个由白手起家变成韩国首富、世界顶尖富豪的传奇人物。郑周永不但经商有术，而且后来他弃商从政，也成为世界瞩目的新闻人物。毫无疑问，郑周永是个值得人们学习的榜样，尤其对现代商人而言更是如此。

在郑周永弃商从政的1991年，现代集团的销售额达到510亿美元，居世界大工业公司的第13位，资产总额900亿美元，居世界工业公司自有资产额的第二位。郑周永的个人家产，据他自己说是40多亿美元，但权威人士估计达65亿美元。

1915年，郑周永出生在三八线北侧一个破落的书香之家，他在家中是老大，还有七个弟弟妹妹。由于人口多，生活很贫困，10岁的时候，他便一边读书一边参加繁重的劳动。

1933年，18岁的郑周永到汉城一个米店当伙计。因为正直能干，身患重病的米店老板把店铺交给他全权管理。当了店老板的郑周永先后将父亲及全家20多人接到了汉城。

1947年，他创办现代土建社。在这个基础上，他于两年后将土建社扩展为现代建设公司。

1950年初，郑周永的现代建设公司已初具规模，成为一家拥有3000万韩元资产的中型企业。1950年6月，朝鲜战争爆发，他的得力助手、二弟郑仁永劝他携款回老家避乱，但他却南逃到釜山。釜山当时成为韩国政府的南迁地，因为战争原因，急需建房屋与军营，且造价昂贵。郑周永抓住这一机会，先后至少承建了300栋军营，造价只需20多万韩元一栋的房子，得到的承建费用却在100万韩元以上，让他大赚了一笔。

能拿到军营的承建权，与郑周永平时做生意讲信誉是密不可分的，战争年代人心惶惶，更需要诚信度，郑周永因此捡了便宜。然而，讲诚信有时也会付出代价，1953年，郑周永承包釜山洛东江大桥的修复工程，就亏了大本。

承包到洛东江大桥的修复工程后，物价不断上涨，偶尔下跌也幅度不大。加上汹涌而至的洪灾提前到来，冲走了大批准备好的修桥材料，开工后一算总费用，比签约承包时的预算要增加四倍！这意味着完工后不但赚不到一分钱，还要亏赔上7000万～8000万韩元。

郑周永骑虎难下，怎么办？是建还是停？摆在他面前有两条路：一是停止修建，宣布公司破产，以保住昔日的积蓄；另一条路是冒着亏血本的代价硬挺下去，这样可能会把过去的积累全部赔光。

为了"现代建设"的信誉，郑周永偏向了挺下去的做法。对于他的这一决定，当时他的亲友和公司的一些管理人员都表示不可理解，有的则站出来表示反对。但为了捍卫"现代建设"的诚信度，郑周永顶住了压力，义无反顾地干下去。他把自己所有的资金赔进去了，又变卖了十几年积蓄下来的全部值钱的家当，全投到洛东江大桥的修建工程上。

1955年，洛东江大桥准时修建完成，经权威机构检测，质量达到一流水平。郑周永松了一口气，摸摸自己的口袋，这时他才意识到自己已成了一个穷光蛋。

虽然郑周永变成了穷光蛋，但洛东江大桥像一幅杰作，成了郑周永无形的"资产"。它为郑周永赢得了社会信誉，光大了"现代建设"的名声，也赢得了韩国政府对他的充分信任。

从20世纪60年代中期开始，现代集团进军交通制造业。1967年，现代汽车公司建成，现在该公司的汽车已成世界名牌。

人的诚信品格就像玉一样，品位越好就越值钱，郑周永的成功恰好证明了这一点。年轻人要想在以后的事业中有所作为，必须讲求诚信，才能站稳脚跟。

信誉是人的第一生命

大家都知道"掩耳盗铃"的故事，那个自以为聪明的小偷到头来被自己骗了。其实做生意也一样，欺骗别人便是欺骗自己，讲信誉的人最终能够得到回报。

松下幸之助不仅在日本，而且在世界都被称为"经营之神"。然而，松下却说："生意不是神秘莫测的魔术，也不是诡谲多变的权术。生意就是实实在在地干事情。就是不欺骗别人，正正当当地做事，因此而获得别人的信赖。"他又说："生意并不是奸诈诡谲之徒所能成功的，而应有一颗纯真无私的心。"

有句话说无商不奸，因此，一些人以为做生意就是要要心眼、斗心计。松下以为，这只是看到了事物的局部，是只见皮毛、不见骨肉。而生意人所应秉持的，正好与此相反，应有一颗纯真无私的心。

松下说："必须注意的事情很多，但最根本的，也是我期望自己能达到的，就是一颗纯真的心。人有了纯真的心，我所说的一切生意原则才会有效果；人若缺乏纯真的心，企业绝不可能不断地成长。"

松下一生就秉持着一颗纯真无私的心，所以生意上每每能临危而转、绝处逢生。比如，对于某种新产品，他根本不知该如何定价时，就诚实地告诉经销商这种产品的成本是多少钱，请他们帮助定价。经销商为某种产品而要求杀价时，他就告诉人家这种产品成本几何、正当利润多少，不能降价，等等。

森信公司董事长岑杰英生于广东南海。三岁时随家人移居香港，18岁时父亲过世，一家人的生活重担落在他的肩上。开始他在一家纸行找到工作，一干就是10年，后因纸行关闭而自立门户。1965年，他创立了森信公司。成立之初，员工只有一人。送货、接单、见客户、做会计都由自己独自承担。到1995年，森信全年的营业额已达15.4亿港元，销售纸品数量达21万吨，该年12月，森信在香港联交所成为上市公司。生意30载，岑杰英深深感慨道："父亲没有留下什么给我，但他留下一个'信'字，在他眼中，信誉是人的第一生命，人无信不立。这个字可以说令我受益终生。"他将自己创立的洋纸公司命名为森信，其含义："森"代表森林，是造纸的主要原料，"信"代表信誉，诚信为先是公司生意的宗旨。

岑杰英指出，香港地区印刷业与时俱进，发展至今日，成为与德国、美国、日本齐名的全球四大印刷中心，主要是以质量好、价格廉、速度快、交货期准而享誉世界的。他与客户做生意不仅非常讲信誉，而且在公司职工中也是极重信用，他和职工感情非常深厚。他说，公司业绩倍数递增，领先同业，主要是因为自己与员工多了一份深厚感情。公司管理层人员，绝大部分是从在公司服务多年的员工中提拔的，合作自然默契。而且他肯听别人的意见，只要意见有道理，他不介意听从伙计的意见。

香港很多成大事的人都是以诚信做人而著称的，曾宪梓便是一个非常典型的例子。曾宪梓白手创业，从无到有，可以说一帆风顺。他做人、办企业信奉的是"勤、俭、诚、信"四个字。曾宪梓认为，信誉是做生意的生命，货一定要真，不要骗人，骗别人就是骗自己。20多年，金利来所建立的良好信誉，是事业成功的基本因素。

曾宪梓擅长做长线生意。假如一个公司一次进货一万条金利来领带，其他供货商可能求之不得，然而曾宪梓却询问对方一个月能卖多少条领带，若月销售1000条领带的话，曾宪梓就只卖给他们3000条领带，保证该店每个月有2000条存货，可以不断进新货，且资金可以周转，百货公司生意做活了，那么一年出售的金利来领带，恐怕就不只是原先拟入货的一万条了。

曾宪梓信奉生意的伙伴就是朋友，不要只考虑经济利益。欧美不少厂商每年来港接金利来的订单做生意，曾宪梓每每都请他们吃饭，照顾他们的饮食住宿，令他们有宾至如归的感觉。当曾宪梓赴欧美公干时，到处是朋友，这些信奉AA制的外国人，亦争相照顾曾宪梓的生活，以礼相待。

这便是诚信经商所带来的好处，想有所作为的年轻人应该把这条铭刻在心里。

言行一致，表里如一

表里如一，以诚信服人，是最高明的处世之道。不做当面一套，背后一套，背信弃义的人，这样的人才有魅力，才让人觉得靠得住。所以，纵使万般艰难，也需言行一致，表里如一。

信用的能量是巨大的，很多事情正是因为有了诚信才会绝处逢生，扭转势态，变难为易，变险为安。没有技术，可以请有这方面经验的朋友来帮助你；没有营业能力，可以请有营业能力的人来做事；没有资金，可以向银行借贷。没有信用，却是最大的致命伤。

僖公二十五年冬天，春秋时五霸之一的晋文公带领军队攻打原国，事先与官兵约定三天结束战争。到了第三天，原国还没有攻下来，晋文公就命令撤退回国。

这时，晋方的间谍回来报告说："原国人支持不住，就要投降了。"晋方有的将领主张暂缓撤兵，但晋文公却坚持认为与其得到一个原国而失信，还不如不要它，因此坚决撤回了围攻的军队。

晋文公虽然放弃了到手的胜利，却树立了自己讲信用的形象，得到了下属的敬重。如此一来，他战争中的损失也就算不得什么了。

一个人只有讲究信用，才能得到支持，并有所作为。大多数人都喜欢和一个有信誉度的人交往，大到言出必行，小到守时守信，都能够看出一个人的品格和素养。

西周成王即位时还是个小孩子。一天，他和弟弟叔虞在后宫玩耍，一时高兴，就摘下一片桐叶给叔虞，说："我封你为王。"

第二天，大臣史佚一本正经地要求成王正式给叔虞划定封地。成王说："我这是和他在做游戏，怎么能当真呢？"史佚板着脸说："君无戏言。"

成王马上明白了这句话的分量，就把黄河、汾水以东的100里地方封给了叔虞，这个诸侯国就是春秋中后期强盛一时的晋国。

据说，宋太祖有一天答应要任命张思光为司徒通史，张思光非常高兴，一直引颈企望宋太祖正式任命，但是始终没有下文。张实在等得不耐烦，只好想办法暗示。

张思光故意骑着瘦马晋见宋太祖，宋太祖觉得奇怪，于是问他："你的马太瘦了，你一天喂多少饲料呢？"张思光回答："一天一石。"

宋太祖怀疑地问道："不少啊，可是每天喂一石怎么会这么瘦呢？"张思光又冷冷地答曰："我是答应每天喂它一石啊，但是实际上并没有给它吃那么多，它当然会那么瘦呀！"

宋太祖听出语外之意，于是马上下令正式任命张思光为司徒通史。宋太祖终于通过自己的行动兑现了诺言。

在现实生活中，人与人之间的交往要做到言出必行。只有表里如一，言行一致，拿出"一言既出，驷马难追"的气概，才能让别人折服。另外，遵守约定也是取信于他人的必备条件。在社会交往中我们不可避免地要与他人订立一些口头的协议，或订下某些规则，行动中只有认真执行，才能取得对方的信任。

贾谊说："治天下，以信为之也。"小信成则大信立，治国也好，理家也好，经商也好，交友也好，都需要讲信用。

清代顾炎武曾赋诗言志："生来一诺比黄金，哪肯风尘负此心。"表达了自己坚守信用的处世态度和内在品格，一诺千金的典故便是由此而来的。信用不像钱那么简单，只要你有钱，就可以立即把资金汇入银行，要取就取，但是，信用就不会像钱这样来得容易，用得方便，要取得他人的信任是需要长时间积累的，信用无法在短时间内形成。因此，我们一定为自己创造信用。

一个人如果经常失信于人，不仅会破坏个人的形象，还会影响将来的事业发展。所以，在说话做事的时候，不可头脑发热，随便允诺别人。而一旦答应别人的事情，就要说到做到，让别人觉得你是一个言行一致、表里如一的人。

跟别人怄气就是跟自己过不去

人生之所以多烦恼，皆因遇事不肯让他人一步，总觉得咽不下这口气。其实，这是很愚蠢的做法。人只有在对世事了如指掌之后才会懂得放弃，只有在懂得放弃之后才具有大成之思、大家之气。

杨玢是宋朝尚书，年纪大了便退休在家，安度晚年。他家住宅宽敞、舒适，家族人丁兴旺。有一天，他坐在书桌旁，正要拿起《应子》来读，他的几个侄子跑进来，大声说："不好了，我们家的旧宅被邻居侵占了一大半，不能饶他。"

杨玢听后，问："不要急，慢慢说，邻居侵占了我们家的旧宅地？"

"是的。"侄子回答。

杨玢又问："邻居家的宅子大还是我们家的宅子大？"侄子们不知其意，说："当然是我们家宅子大。"

杨玢又问："邻居占些旧宅地，于我们有何影响？"侄子们说："没有什么大影响，虽无影响，但他们不讲理，就不应该放过他们！"杨玢笑了。

过了一会儿，杨玢指着窗外落叶，问他们："树叶长在树上时，那枝条是属于它的，秋天树叶枯黄了落在地上，这时树叶怎么想？"侄子们不明其意。杨玢干脆说："我这么大岁数，总有一天要死的，你们也有老的一天，也有要死的一天，争那一点点宅地对你有什么用？"侄子们现在明白了杨玢讲的道理，说："我们原本要告他的，状子都写好了。"

侄子呈上状子，他看后，拿起笔在状子上写了四句话："四邻侵我我从伊，毕竟须思未有时。试上含元殿基望，秋风秋草正离离。"

写罢，他再次对侄子们说："我的意思是在私利上要看透一些，遇事都要退一步，不要斤斤计较。"

人的一生，不可能事事如意、样样顺心，生活的路上，总有沟沟坎坎。你的奋斗、你的付出，也许没有预期的回报；你的理想、你的目标，也许永远难以实现。如果抱着一份怀才不遇之心愤愤不平，如果抱着一腔委屈怨天尤人，难免让自己心态扭曲、心力交瘁。

生活在凡尘俗世，难免与人磕磕碰碰，难免被人误会猜疑。你的一念之差、一时之言，也许别人会加以放大和责难，你的认真、真诚，也许会遭到别人的误解和中伤。如果非得以牙还牙拼个你死我活，如果非得为自己辩驳澄清，必然导致两败俱伤。

适时地咽下一口气，潇洒地甩甩头发，悠然地轻轻一笑，甩去烦恼，抛却恩怨。你会发现，天依然很蓝，人生依然很美好，生活依然很快乐。

宽容不是软弱的代名词

宽容，不论是对别人还是对自己来说，都是一种无须投资便能获得的"精神补品"。学会宽容不仅有益于身心健康，而且对赢得友谊，乃至事业的成功都是必要的。因此，在日常生活中，无论对老人、对领导、对同事，都要有一颗宽容的爱心。

当然，宽容绝不是无原则的宽大无边，而是建立在自信、助人和有益于社会基础上的适度宽大，必须遵循法制和道德规范。对于绝大多数可以教育好的人，宜采取宽恕和约束相结合的方法；而对那些蛮横无理屡教不改的人，则不应手软。

处处宽容别人，绝不是软弱，绝不是面对现实的无可奈何。在短暂的生命历程中，学会宽容，意味着你的人生更加快乐。

宽容往往折射出待人处世的经验，待人的艺术，良好的涵养。学会宽容，需要自己汲取多方面的"营养"，时常把视线集中在完善自身的精神结构和心理素质上。

相传古代有位老禅师，一日晚间在禅院里散步，看见墙角边有一张椅子，他一看便知有位出家人违犯寺规越墙出去溜达了。老禅师也不声张，走到墙边，移开椅子，就地而蹲。少顷，果真有一小和尚翻墙，黑暗中踩着老禅师的背脊跳进了院子。当他双脚着地时，才发觉刚才踏的不是椅子，而是自己的师傅。小和尚顿时惊慌失措，张口结舌。但出乎小和尚意料的是师傅并没有厉声责备他，只是以平静的语调说："夜深天凉，快去多穿一件衣服。"

老禅师宽容了他的弟子。他知道，宽容是一种无声的教育。有人说宽容是软弱的象征，其实不然，有软弱之嫌的宽容根本称不上真正的宽容。宽容是人生难得的佳境——一种需要操练、需要修行才能达到的境界。

宽容，首先包括对自己的宽容。只有对自己宽容的人，才有可能对别人也宽容。人的烦恼主要来源于自己，即所谓画地为牢、作茧自缚。

每个人都各有所长，各有所短。争强好胜容易失去做人的乐趣。只有承认自己某些方面不行，才能扬长避短，才能不因嫉妒之火吞灭心中的灵光。

宽容地对待自己，就是心平气和地工作、生活。这种心境是充实自己的良好状态。充实自己很重要，只有有准备的人，才能在机遇到来之时不留下失之交臂的遗憾。淡泊人生是耐住寂寞的良方。轰轰烈烈固然是进取的写照，但成大器者，绝非热衷于功名利禄之辈。

三国时，诸葛亮初出茅庐，刘备称之为"如鱼得水"，而关、张兄弟却不以为然。在曹兵突然来犯时，兄弟俩便"鱼"呀"水"呀地对诸葛亮冷嘲热讽，诸葛亮胸怀全局，毫不在意，仍然重用他们。结果新野一战大获全胜，使关、张兄弟佩服得五体投地。如果诸葛亮当初跟他们争论纠缠，势必造成将帅不和，人心分离，哪能有新野一战和以后更多的胜利呢？

唐朝谏议大夫魏徵，常常犯颜苦谏，屡逆龙鳞，可唐太宗以宽容为怀，把魏徵看作是照见自己得失的"镜子"，开创了史称"贞观之治"的太平盛世。

真正的宽容，应该是能容人之短，又能容人之长。宽容的过程也是"互补"的过程。别人有此过失，若能予以正视，并以适当的方法给予批评和帮助，便可避免大错。自己有了过失，亦不必灰心丧气，一蹶不振，同样也应该吸取教训，引以为戒，重新扬起工作和生活的风帆。只要你具备了真正的宽容，必能取人之长，补己之短，使自己受益匪浅。

生气是拿别人的过错惩罚自己

有一句话说得好："生气是拿别人的过错来惩罚自己。"老是"念念不忘"别人的"坏处"，实际上最受其害的就是自己的心灵，搞得自己痛苦不堪，何必呢？这种人，轻则自我折磨，重则可能导致疯狂的报复了。

乐于忘记是成大事者的一个特征，既往不咎的人，才可甩掉沉重的包袱，大踏步地前进。乐于忘记，也可理解为"不念旧恶"。人是要有点"不念旧恶"的精神，况且在人与人之间，在许多情况下，人们误以为"恶"的，又未必就真的是什么"恶"。

退一步说，即使是"恶"吧，对方心存歉意，诚惶诚恐，你不念恶，礼义相待，进而对他格外地表示亲近，也会使为"恶"者改"恶"从善。

唐朝的李靖曾任隋炀帝时的郡丞，最早发现李渊有图谋天下之意，便向隋炀帝检举揭发。李渊灭隋后要杀李靖，李世民反对报复，再三请求保他一命。后来，李靖驰骋疆场，征战不疲，安邦定国，为唐王朝立下赫赫战功。魏徵也曾鼓动太子建成杀掉李世民，李世民同样不计旧怨，量才重用，使魏徵觉得"喜逢知己之主，竭其力用"，也为唐王朝立下丰功。

宋代的王安石对苏东坡的态度，应当说也是有那么一点"恶"行的。他当宰相那阵子，因为苏东坡与他政见不同，便借故将苏东坡降职减薪，贬官到了黄州，搞得苏东坡好不凄惨。然而，苏东坡胸怀大度，他根本不把这事放在心上，更不念旧恶。王安石从宰相位子上垮台后，两人的关系反倒好了起来。苏东坡不断写信给隐居金陵的王安石，或共叙友情，互相勉励，或讨论学问，十分投机。苏东坡由黄州调往汝州时，还特意到南京看望王安石，受到了热情接待，二人结伴同游，促膝谈心。临别时，王安石嘱咐苏东坡：将来告退时，要来金陵买一处田宅，好与他永做睦邻。苏东坡也满怀深情地感慨说："劝我试求三亩田，从公已觉十年迟。"二人一扫嫌隙，成了知心好朋友。

相传唐朝宰相陆贽，有职有权时曾偏听偏信，认为太常博士李吉甫结伙营私，便把他贬到明州做长史。不久，陆贽被罢相，被贬到了明州附近的忠州当别驾。后任的宰相明知李、陆有这点私怨，便玩弄权术，特意提拔李吉甫为忠州刺史，让他去当陆贽的顶头上司，意在借刀杀人，通过李吉甫之手把陆贽搞垮。不想李吉甫不记旧怨，上任伊始，便特意与陆贽饮酒结欢，使那位现任宰相的借刀杀人之计成了泡影。对此，陆贽自然深受感动，他便积极出点子，协助李吉甫把忠州治理得一天比一天好。李吉甫不搞报复，宽待别人，也帮助了自己。

古往今来，不计前嫌、化敌为友的佳话举不胜举。以古为鉴可以让我们明白事理，明辨是非，把握前途。

营造和谐宽松的生活环境

环境对于一个人的影响很重要，一个人要是没有和谐的环境，没有一个宽松的生活氛围，怕是很难干好什么事情。许多人就是因为没有这样的一个环境使生活和事业都失去了基本的保证，为此，不得不离开此地去重新选择环境。还有的人，甚至不惜牺牲或放弃自己的许多实际利益去寻找这种宽松。可见，和谐与宽松对人是多么重要。

但是，天下许多地方其实都是差不多的，大同小异，彼此十分相像，都有愉快或不愉快的事情发生，都有友善、温暖、敌意、损害的存在。

大概正是因为这里和那里都是差不多，所以，在很多情况下，许多聪明人都是在自己的环境里努力去创造这种和谐的气氛，使条件好起来，使自己的心情愉快起来。

事实上，这并不是多难的事情，只要你宽宏一些，大度起来，放弃一些小的利益也就够了。

也有不少人，并不懂得这一点，他们本来处身于一个良好的环境，那里就有着一种和谐的氛围，却因为自己的做法，一再地破坏了这种环境。这种人往往走到哪里都不适合，都很难与人共处，都要生出是非。可见，一个人处在怎样的环境里与自己的处世方法是有很大关系的，并非全是环境所为。

有一些人，走马灯似的换了许多环境，他的处境仍然很糟糕。这种人的最大毛病，就是什么也看不惯，一般来讲，都是自己先搬弄是非，或是对小事过分计较，对利益寸步不让，又不能承受外部的打击。

他们总是不能忽视身边的那些小事，譬如，别人占了便宜，他要记下；别人有了过失，他要去谴责；别人的隐私他也不想放过地去宣扬。一天到晚，所记住的都是周围人的不好。这些做法，在他心理上必然要失去和谐的因素。

就像一个人总去注意那些阴天，总能找到别人的错误或毛病。一个人总是这样，就失去了生活的美感，变得心里只有仇恨、不满、不快乐。这种心态往往还会发展到一种实际的行动，去做一些损人利己的事，说一些不利于他人的话，甚至与人去纷争，抱着打败别人的想法，生出事端。

在一个环境里，有这种毛病的人，总会有一些"敌人"。这种心态与做法，首先是使自己的四周潜伏着危机，无论走到哪里，恐怕都不会适应，都要失掉和谐的人际关系。

因此，创造和谐，尽量使自己生活得自在，首先就要使别人自在。原谅别人的小过失，宽容别人的缺点，不要去宣扬别人的难言之隐，不要做使人难为情的事，不要总是盯着别人得到了什么，而想不通自己为什么没得到。天下自有你的那一份，你不必着急。这样你就离开了危险，躲过了是非，什么事也没有。

只有没有是非，你所在的那个环境才会成为一个很不错的环境，所谓不快乐的事情才会减少，和谐也就出现了。好事都是跟随和谐而来，你的好事也会跟随而来。所以说，和谐往往是在于你自己，不在于别人，不在于环境。掌握和谐，创造和谐是人生的必修课。

大度的品质可以慢慢去培养

一个善于应酬的人，忍耐力是必不可少的一方面，一个人如果过分压抑、缺乏宽容，就会养成"不满现状"的心理。忍耐力不到家，常常无法适应有时在应酬中出现的那种紧张的无形压力，足够的忍耐力是一个人大度的表现。

有时候，即使明知别人在说谎或是强词夺理，也不该迅速表现出不满的态度。随时随地使用谦恭的语气与人交谈，这在当今社会已经成为一条众所周知的应酬法则。要想成为一个善于应酬的人，就必须懂得随时以谦恭的态度对人，唯有如此方能表现出自己的风度和良好的修养。

人们常常为了自己的立场和利益，即使是明知错误，也往往是放不下"自尊"，不能痛痛快快地认错。也许，找借口以求解脱是人之常情，但与其编造一些谎言，不如坦率地向对方道歉来得有效。

许多主管面对部属诚实地向他道歉，而不以别的理由作为迟到的借口时，多会看在他那诚实无伪的态度上，立刻原谅他，不再追究。但是，对于一些部属一味地掩饰，主管领导不但会给以严厉指出，还会因此对他的为人大打折扣。

其实，主动承认自己的过失是争取上司信任的一种巧妙的捷径，有勇气对自己的过失开玩笑的人必定对自己有坚定的信心，相信自己在其他方面的成就。能够勇敢承认错误的人，实际上是在要求自己拿出修正错误的办法。会与人相处，要有勇气、有风度，痛痛快快地承认自己的过失，而不是先一件件地抖落自己的长处。

每一个人在日常的应酬中，对于自己或他人的过错，都应表现出平和坦诚的态度。人都是有情感的，当你欺骗他的时候，他就会有一种莫名其妙的"我被非人对待"的感觉，这在应酬上是很危险的。

而当你有过错时表示一下"度量"，他就会在瞬间对你认同。所以说，应酬需要度量，目的不仅可以为别人，也可以为自己。

培养自己的度量，在平时的生活上很重要，假如你是一个脾气不佳而又耐性不好的人，在应酬时更应该学会忍耐，努力培养自己的耐性。

第二章

修养是你立足的身价

现实社会中充满着竞争，要想有所作为，就必须不断地提升自我，完善自我，修炼自己的性情和德行，要学会坦然笑对一切，既不妥协，也不软弱，做到恰到好处。

亦刚亦柔，适当时候要低头

有一句俗语说"人在屋檐下，不得不低头"。有时候在不如别人的时候，不得不低头退让。对于这种情况，不同的人可能会采取不同的态度。有志进取者，将此当作磨炼自己的机会，借此取得休养生息的时间，而绝不一味地消极乃至消沉；而那些经不起困难和挫折的人，往往将此看作是事业的尽头，畏缩不前，不愿想办法克服眼前的困难，只是一味地怨天尤人、听天由命。

面对强势，有时候要学会适当的"低头"，但这种低头并不是趋炎附势、丧失自我，而是一种卧薪尝胆的磨炼，所谓大丈夫能屈能伸，要想在复杂的社会中生存，就要练就刚柔并济的本领。

有时忍受暂时的屈辱，低头磨炼自己的意志，寻找合适的机会，也就成了一个成功者所必不可少的心理素质。所谓"尺蠖之曲，以求伸也，龙蛇之蛰，以求存也"，正是这个意思。西汉时期的韩信忍胯下之辱正是这种"低头"的最好体现，因为他不低头就把自己弄到和地痞无赖同等的地步，奋起还击，闹出人命吃官司不说，很可能赔上一条小命。

另一种更高层次上的"低头"，是有意识地主动消隐一个阶段，借这一阶段来了解各方面的情况，消除各方面的隐患，为将来的大举行动做好前期的准备工作。隋朝的时候，隋炀帝十分残暴，各地农民起义风起云涌，隋朝的许多官员也纷纷倒戈，转向农民起义军。因此，隋炀帝的疑心很重，对朝中大臣，尤其是外藩重臣，更易起疑心。唐国公李渊即唐太祖曾多次担任中央和地方官，所到之处，悉心结纳当地的英雄豪杰，多方树立恩德，因而声望很高，许多人都来归附。这样，大家都替他担心，怕遭到隋炀帝的猜忌。

正在这时，隋炀帝下诏让李渊到他的行宫去晋见。李渊因病未能前往，隋炀帝很不高兴，多少有点猜疑之心。当时，李渊的外甥女王氏是隋炀帝的妃子，隋炀帝向她问起李渊未来朝见的原因，王氏回答说是因为病了，隋炀帝又问道："会死吗？"

王氏把这消息传给了李渊，李渊更加谨慎起来，他知道迟早为隋炀帝所不容，但过早起事又力量不足，只好缩头隐忍，等待时机。于是，他故意广纳贿赂，败坏自己的名声，整天沉湎于声色犬马之中，而且大肆张扬。隋炀帝听到这些，果然放松了对他的警惕。试想，如果当初李渊不低头，或者头低得稍微有点勉强，很可能就被正猜疑他的隋炀帝杨广送上了断头台，哪里还会有后来的太原起兵和大唐帝国的建立。

在待人处世中，"低头"的目的是为了让自己与现实环境有和谐的关系，把二者的摩擦降至最低，是为了保存自己的能量，走更长远的路，更为了把不利的环境转化成有利的力量，这是一种更高明的生存智慧。

习惯的力量是强大的

习惯的力量是强大的，好习惯能够造就人，坏习惯可以摧毁人。年轻人要想将来有所作为必须从小养成良好的习惯，戒除不良恶习。

古希腊哲学家苏格拉底说："好习惯是一个人在社交场合中所能穿着的最佳服饰。"而坏习惯则是你的敌人，它只会让你难堪、丢丑、添麻烦、损坏健康或者事业失败。

莎士比亚说："习惯若不是最好的仆人，它便是最坏的主人。"这句话很有意思，如果真的让坏习惯主宰了自己的生活，它可不就是你"最坏的主人"吗？

有的人习惯"黎明即起，洒扫庭院"，而有的人则习惯早上美美地睡个懒觉；有的人烟酒不沾，有的人则每天都要喝几杯，遇到动脑筋的事喜欢抽支烟提提神；有的人喜欢衣着整洁，有的人则大大咧咧，不修边幅；有的人说话谦恭有礼，有的人则唯我自大；有的人做事有条不紊，有的人则杂乱无章；有的人总是乐观地对待每一件事，有的人一遇到一点儿小事，就唉声叹气、愁眉不展；有的人承诺了别人，就决不食言，有的人刚刚答应得好好的，一转身就忘得一干二净；有的人勤俭节约，有的人铺张浪费。

有些时候，习惯并不只限于行为方面，像是绑鞋带或开车。我们的情绪反应以及感觉也决定于习惯上。如美国著名的成功学的奠基者之一马尔登所说："你可以养成这样的好习惯：把自己想象成为一个有用、积极的公民，每天都有生活目标；也可把自己想成一名失败者，一个没有价值的人，这种思想方式也是一种习惯。"

明代吕坤把坏习惯称为"惯病"。他说"惯病"是很难戒除的，如果能真正在戒除"惯病"上下功夫，那就像是扎针治病找准了穴位，挠痒痒找对了地方。

戒除惯病是很难的。古时候有一个当官的，特别容易发怒。他下决心要改掉这毛病，便在案头上放了一块木牌，上面写着"制怒"。一天，属下人来说事，他听着听着又怒了，拿起牌子便扔向了属下。

吕坤说，要戒除惯病，就要下功夫，事实的确如此。不以坚强的意志来强迫自己改正，坏习惯是很难去掉的。

张学良将军年轻时染上了吸鸦片的坏习惯，他决意戒除，便把自己关在一间屋子里，吩咐家人和手下人无论听到屋里有什么动静，都不许进来。他的烟瘾犯了，十分痛苦，头直撞床，大声叫唤。屋外的人听见了，怕他出意外，但谁也不敢进去。这样折腾了一天，屋里没动静了，家人进去看时，张学良静静地在床上睡着了。经过这样的几次折腾，张学良终于戒除了鸦片瘾。对人身体的残害，莫过于毒品，张学良成功地戒掉了毒品，使其保持健康体魄，直至百岁高龄而寿终。

想要戒除坏习惯并不容易，那就是习惯已成自然，如果要戒除它，有可能很快见效，但一段时间过后它可能又会发作，周而复始，很难戒除。拿戒烟来说，就是这样。很多烟民都多次戒烟，但大多以失败而告终。美国作家马克·吐温曾幽默地说："戒烟有何难？我在第一千零一次一定戒了它。"由此可见，坏习惯的戒除，不但要有坚强的毅力，而且还要有足够的耐力。

《韩非子》一书中记载，西门豹因性格急躁，耽误了许多事。他一心要改掉这毛病，就在身上围了一条皮带。皮子轻柔而有韧性，他常借此提醒自己不要急躁。还有一个叫董安于的慢性子，为了改掉慢性子这毛病，他随身佩带一根弓弦。弓弦又紧又直，能用它来提醒他办事不要拖沓。"韦弦"这个典故就是由此而来的。

在经济飞速发展，科技不断进步的现代社会，一方面，人们的生活质量不断提高；另一方面，人们承受的压力也不断增大。由此，人类的"惯病"也生出了许多"新花样"。例如酗酒和吸烟，在女性和孩子中间已不罕见。营养过剩造成的肥胖，已成为富裕社会的大问题。美国政府调查了半数美国人的体重，结果三分之一的人患了肥胖症。最近，美国西雅图一家渡轮公司准备为他们所有的渡轮更换座椅，因为美国人普遍体积增大，过去的座椅已容不下他们的肥臀了。玩电子游戏，已经成为许多青少年陷入其中不能自拔的"惯病"，网上聊天更是如此。还有一些人沾染了更坏的"惯病"，例如吸毒、滥用药物、赌博等。

美国有一个已故的邓勒普博士花了很多年来研究习惯问题，并协助很多人改掉了咬指甲及吮大拇指的坏习惯。

马尔登说："你可以改变你的习惯，当然不像滚动木头那样简单，但是你总可以办得到，只要你努力去做。"他向有志于改掉坏习惯的朋友提出了5条建议：

（1）首先相信自己能够改变自身的不良习惯

对你自我控制的能力要有信心，如此才能为你的基本个性带来积极的改变。

（2）彻底了解这些坏习惯对自己造成的不良影响

例如：体重过重会使你的重要器官不堪负荷；酒精会破坏你的身体组织；过度工作可能会使你的死期提早来临；等等。

（3）找出能让自己感兴趣的事，暂时安慰自己

因为你在戒除一项长期的习惯之后，必会经历一段痛苦的时期，这时就要找些事物来安慰你，像摄影、园艺或弹钢琴这些爱好，可能会协助你不抽太多香烟。

（4）发掘将你逼到这种情况的基本问题

你的挫折究竟是什么？你是否低估了自己的价值？为何对自己如此敌视？认真处理这些问题，调整你的思想，接受你的失败，重新发掘你的胜利。

（5）引导你自己迈向积极的习惯，这将使你的生活获益

为你自己制定新的目标。在积极的活动中获得成功的感觉，这将发挥你的能力与热诚。

假如你有坏习惯，还是想办法改掉你的坏习惯。当你在改变的过程中发生了动摇，不妨参照一下马尔登的建议，因为这对你的健康、事业、生活乃至一生都受益无穷。

不要轻易发怒

作为年轻人，总免不了会年轻气盛，有时候可能因为一点小事就发火，这不是一个聪明人的举动。要想在众人心中站稳脚跟，一定要学会克制自己的脾气，不要动辄就发怒，不然，久而久之，别人都会对你敬而远之，最后变得孤立无援。

愤怒情绪是人生的一大误区，是一种心理病毒，它同其他病一样，可以使你重病缠身，一蹶不振。也许你会说："是的，我也明知自己不该发怒，但就是控制不住自己。"但是，想要成就一番事业，就应该必须时刻注意学会制怒，不能让愤怒左右自己的情绪。

同其他所有情感一样，发怒是大脑思维后产生的一种结果。它不会无缘无故地产生。当你遇到不合意愿的事情时，就告诉自己：事情不应该这样或那样，于是你感到沮丧、灰心；然后，你便会作出自己所熟悉的愤怒的反应，因为你认为这样会解决问题。只要你认为愤怒是人的本性之一，就总有理由接受愤怒情绪而不去改正。

如果你不去改正，你的愤怒情绪将会阻止你做好事情。成功人士是不会让愤怒情绪所左右的，他们中能压下怒火的就成功，而凭着这一时之气行事的则大多失败了。

公元前283年，刘邦与项羽在战场上进行着激烈的战争，就在此时，韩信攻占齐地后派人给刘邦送来了信，要求封他为假齐王。刘邦见信后勃然大怒说：我被困在这里天天盼他来帮助，他却想自立为王。正在这一时刻，张良用手拉了拉刘邦的袖子，悄声对他说："现在战场形势于我不利，怎么能阻止韩信称王呢？不如答应他的要求，立他为王以稳住其心，否则他会倒戈叛乱的。"刘邦这才恍然大悟，忙改口对使者说："大丈夫平定诸侯，就当个真王，哪能当假王呢？"这一步棋稳住了韩信，使韩信尽心竭力地为刘邦效命，为汉朝的统一立下了汗马功劳。

三国时期，关云长失守荆州，败走麦城被杀，此事激怒了刘备，遂起兵攻打东吴，众臣苦谏皆无济于事，实在是因小失大。正如赵云所说："国贼是曹操，非孙权也。宜先灭魏，则吴自服，操身虽毙，子丕篡汉，当图中原……

不应置魏，先与吴战。兵势上交，不得卒解也。"诸葛亮也上表谏曰："臣亮等切以吴贼逞奸诡之计，致荆州有覆亡之祸；陨将皇于斗牛，折天柱于楚地，此情哀痛，诚不可忘。但念迁汉鼎者，罪由曹操；移刘祚者，过非孙权。窃谓魏贼若除，则吴自宾服。陛下纳秦宓金石之言，以养士卒之力，别作良图。则社稷幸甚！天下幸甚！"可是刘备看完后，把表掷于地上，说："朕意已决，无得再议。"执意起大军东征，最终导致兵败，自己也因此丢了性命。

由此可见，在关键时刻是不可以让怒火左右情感的，不然有可能会为此付出代价。

如何消除不良的情绪，控制易怒的脾气呢？可以从以下几点入手：

（1）找到愤怒的误区

如果你仍然决定保留心中的愤怒，你可以用不造成重大损害的方式来发泄愤怒。比如，你不妨想想，你是否可以在沮丧时以新的思维支配自己，且以一种更为健康的情感来取代愤怒。虽然世界绝不会像你所期望的那样，你很可能会继续厌烦、生气或失望，但无论如何，你完全可以消除那种不利于精神健康的有害情感。

每当你以愤怒来应对他人的行为时，你会在心里说："你为什么不跟我一样呢？这样我就不会动怒，甚至会喜欢你。"然而，别人不会永远像你希望的那样说话、办事；实际上，他们在大多数情况下都不会按照你的意愿行事。这样现实永远不会改变。所以，每当你为自己不喜欢的人或事动怒时，你其实是不敢正视现实而让自己经受情感的折磨，从而使自己陷入一种惰性。为根本不可能改变的事物自寻烦恼真是太愚蠢了。其实，你大可不必动摇；只要你想想，别人有权以不同于你所希望的方式说话、行事，你就会对世事采取更为宽容的态度。对于别人的言行，你或许不喜欢，但绝不应动怒。动怒只会使别人继续气你，并会导致生理上和心理上的病症。你完全可以做出选择——以新的态度对待世事，从而最终消除愤怒。

也许你认为自己属于这样一类人，即对某人某事有许多愤愤不平之处，但从不敢有所表示。你积怨在胸，敢怒不敢言，成天忧心忡忡，最后积怨成疾。但是，这并不是那些咆哮大怒的人的反面。在你心里，同样的有这样一句话："要是你跟我一样就好了。"你想，别人要是和你一样，你就不会动怒了，这是一个错误的推理，只有消除这一推理，你才能消除心中的怨愤。以新的思维方式看待世事，根本不动怒，这才是最可取的。你可以这样安慰自己：

"他要是想捣乱，就随他去。我可不会为此烦恼。对他这种愚蠢行为负责的，是他不是我。"你也可以这样想："我尽管真不喜欢这件事，却不会因此陷入愤怒的误区。"

所以，为了消除这一误区，首先你要以一种平静的方式勇敢地表示出自己的愤怒，然后以新的思维方式让自己保持精神愉快，最后不再对任何人的行为负责，不因为别人的言行影响自己的精神状态，不让别人的言行搅乱自己的心境。总之，拒绝受别人的控制，便不会用愤怒折磨自己。

（2）消除愤怒的最佳方法

生活中有些人，他们对生活的态度严格得近乎呆板，这当然是一种不可取的态度。只要我们观察一下周围那些精神愉快的人就会发现，他们最为明显的特点是善意的幽默感。让别人开怀大笑，在笑声中观察五彩缤纷的现实生活，这是消除愤怒的最佳方法。

对于"幽默"这个词，我们也许并不陌生，然而，究竟什么是幽默呢？心理学家认为：幽默是人的个性、兴趣、能力、意志的一种综合体现，它是语言的调味品。有了幽默，什么话都可让人觉得醇香扑鼻，隽永甜美。它是引力强大的磁铁。有了幽默，便可以把一颗颗散乱的心引入它的磁场，让每个人的脸上绽开欢乐的笑容。它是智慧的火花，可以说，幽默与智慧是天然的孪生儿，是知识与灵感勃发的光辉。

富有幽默感的人往往是一个奋力进取者，幽默也能展示一个人乐观豁达的品格。半夜时分小偷光临，一般不会令人愉快，可巴尔扎克却与小偷开起了玩笑。巴尔扎克一生写了无数作品，却常常手头拮据，穷困潦倒。有一天夜晚，他正在睡觉，有个小偷摸进他的房间。在他的书桌里乱摸。巴尔扎克惊醒了，但他并没有喊叫，而是悄悄地爬起来，点亮了灯，平静地微笑着说："亲爱的，别翻了。我白天都不能在书桌里找到钱，现在天黑了，你就更别想找到啦！"

你的生活是否过于严肃，以至于你所看到的都是生活的荒谬之处？每当你的言行过于严肃时，提醒自己，你所享有的时间只是现在。当开怀大笑可以使你如此愉快时，为什么要以愤怒折磨自己呢？

努力提高自己控制愤怒情绪的能力吧，千万别动不动就指责别人，喜怒无常，改掉这些坏毛病，努力使自己成为一个容易接受别人和被人接受，性格随和的人，只有这样的人才能受人欢迎。

耍小聪明要不得

　　孟德斯鸠说："夸奖的话，出于自己之口，那是多么乏味！"谦受益，满招损。虚怀若谷的人，总是受人欢迎的。狂妄自大，自以为聪明的人，没有人会喜欢。

　　有些人之所以不受人欢迎，其根本就在于自以为是的小聪明。现代社会中，有不少人觉得自己有点能耐就什么都懂了，两眼看着天上，但实际上是眼高手低，要知道天外有天，人外有人，千万不要做那只井底之蛙。

　　有一个年轻人，自幼聪明好学，三十刚出头就拿到了博士学位。他志得意满，自我感觉良好，因此找工作时总是挑三拣四，这个感觉不好，那个也看不上眼，转眼一年多时间过去了，他仍旧待业在家。他父亲看他这样子深感焦急，但是却没有一点办法，倒是这个年轻人脾气依旧，觉得现在的问题主要是没有慧眼识英才的伯乐，等到时机一到，自然就能施展才华，大显身手了。

　　一天他父亲接到一位远方朋友的来信，说需要几个人帮忙管理农场。这位父亲一转念，想到这个眼高于顶的儿子，就把年轻的博士生叫到跟前，问他是否愿意去农场待一段时间。

　　从小生活在城市里的年轻人想到可以去山清水秀、风光明媚的农村，立即来了兴致，很快就收拾好东西，去了那个农场。

　　到那以后，农场的主人先带他去周围参观了一下，然后让他自己四处走动走动以熟悉地形。过了几天，年轻人来找农场的主人，依旧是很高傲自大的样子，问道："你这里有什么新鲜有趣值得我去做的事情吗？"农场的主人早就从他父亲的来信里知道了这个年轻人的性格，也想趁机磨磨他的性子，就说道："挤牛奶比较有意思，你会做吗？"

　　年轻的博士生很不屑地说："不就是挤牛奶吗？有什么难的！"

　　农场的主人就给了他一个铁桶，一个凳子，跟他说你去把铁桶挤满了以后就回来吧。

　　年轻人带上铁桶和凳子，兴冲冲地去草场那边了。

一个多小时以后，年轻的博士生没有回来，两个多小时，他还没有回来。一直等到天黑了，农场的主人发现他还没有回来，就拿着灯去找，眼前的场景让他哭笑不得。

只见博士生使劲地拽着一头奶牛往凳子上按，奶牛拼命挣扎，博士生累得气喘吁吁，身上到处都是泥土，衣服也破了几处，就连脸上也不知道是碰的还是摔的，有几处淤肿，眼镜也不见了，情形是说不出的狼狈，铁桶里面却什么也没有。

农场主人叫住了年轻的博士生，把他领回了屋子，等到洗漱了以后，才心平气和地问："挤牛奶不是很容易吧？"

洗漱好、回过气的年轻人把头一昂，胸脯一挺，不以为然地说："挤牛奶还不简单，难的是怎么让奶牛坐到凳子上去。"

骄傲的年轻人碰到了自己不明白的事情，他劳心费力也不能把牛奶挤进桶里，但到了这个时候仍然没有谦虚的意思，不能不让人摇头感叹。

据说孔子一次去各国游历传道，在路上看见两个小孩争得面红耳赤，他就好奇地问他们在争论什么。

一个小孩说："我认为太阳刚出来时距离人更近，而正午的时候距离人要远一些。"另一个小孩的看法却刚好相反。

孔子问他们这么说的原因是什么？

前一个小孩说："太阳刚出来的时候很大，像马车上的轮子一样，等到正午时候就变得像碗口那样小，我们看东西不都是远的看起来小而近的看起来大吗？"

孔子考虑了一会儿，觉得他说得很有道理。

另一个小孩不服气地说："太阳刚出来时气温很低，天气凉爽，但是到了正午以后非常热，就像在蒸笼里一样，这不正是说明了近的就觉得热，远的就觉得凉快吗？"

孔子听了以后，觉得这种说法也没有错。

两个孩子于是问孔子哪个说的对？孔子不能判断谁是谁非，就老老实实承认他不知道，结果被两个孩子嘲笑了一通。

孔子的学识很渊博，但他在遇到自己不明白的事情时仍然坦白地承认，即使面对的是几岁的小孩子，就算被嘲笑，也没有自以为是，强词夺理。

当然了，人性总是有弱点的，骄傲自大的情绪在每个人心里或多或少有，尤其是稍微有点成就的时候。

富兰克林在他的自传中就写道：我们各种习气中再没有一种像克服骄傲那么难的了。虽极力藏匿它、克服它、消灭它，但无论如何，它在不知不觉之间，仍旧显露。

巴甫洛夫也认为："绝不要陷于骄傲。因为一骄傲，你们就会在应该同意的场合固执起来；因为一骄傲，你们就会拒绝别人的忠告和友人的帮助；因为一骄傲，你们就会丧失客观标准。"

作为年轻人，一定要去除自满自大的诟病，避免耍小聪明，做一个谦虚谨慎、虚怀若谷的人，才能容得下别人，才能让别人接近你。只有这样处世，才能不被人妒忌，才能真正达到自己的目的。

人敬我一尺，我敬人一丈

爱是相互的，不论是哪一种感情都是这样，你用什么样的态度对待别人，别人就会用什么样的态度对待你。你狂妄别人更狂妄，你骄傲别人更骄傲，你谦虚别人也谦虚，你尊敬别人，别人也会尊敬你。有句话说得好："你敬我一尺，我敬你一丈。"

人与人之间的关系严格来说是平等的，大家生来都是一样的，没有高低之分，也没有尊卑之别，这是毫无疑问的。不过，在后天的发展中，有的成为农民，有的成为工人，有的成为教授，有的成为领导，有的一贫如洗，有的家财万贯，有的目不识丁，有的学富五车。

有这样一个笑话：有两个人，一个是富人，一个很穷，但是穷的那个人并没有因缺钱而显得低人一等，更没有因此对富人恭恭敬敬。富人很不满意这一点，他觉得这跟他们现在的状况不一致，于是他找到那个穷人说："我有钱，你没有，你应该尊敬我。"

穷人并不买账："你有钱是你的，跟我有什么关系？我为什么要尊敬你呢？"

富人一想，觉得穷人的话也有道理，于是又说："要是我把我的钱分给你四分之一，你可以尊敬我吗？"

穷人一听，心想还有这样的事情，于是就说："你不过给我四分之一的钱而已，我为什么要尊敬你？"

富人开始加价："要是我给你一半的钱呢？"

穷人并不让步，说道："要是那样，我的钱跟你的钱一样多，我又何必尊敬你呢？"

富人没有罢休，他又问："如果我把所有的钱通通都给你，你总可以尊敬我了吧？"

穷人哈哈大笑："你所有的钱都给我了，我有钱你没有，我为什么还要尊敬你呢？"

由此，我们不难看出，能否得到别人的尊敬和钱没有关系，同样，跟名利、权力、地位也没有关系。真正有关系的是自身的态度——敬人者，人亦敬之。

德国前总理勃兰特访问波兰时，专程到华沙的遇难犹太人纪念碑前献花圈。面对冰冷的纪念碑、围观的政要、群众以及众多的新闻记者，勃兰特突然双膝下跪，向这些惨死在二战中的犹太人道歉谢罪。我们大多数人也许不知道勃兰特的生平，也许不了解这位德国总理曾经有过什么丰功伟绩，但是很少有人不知道他的这一跪。他以行动表达对这些遭受纳粹侵略过的人民的歉意，这是对历史的尊重，也是对这些死难人民的尊重，也为他自己赢得了世界人民的尊敬，敬人者，人亦敬之，什么时候都不例外。

三国时期的张松是益州名士，虽然身材矮小，相貌丑陋，却很有才华，智谋非凡。他本来是西川刘璋手下的官员，但是早想辅佐明主成就一番大事，于是暗中画了一幅西川地图，把蜀中的山川险要，府城县乡等重要的地方都一一做了标记，准备见机行事。

张松原来觉得曹操是个很了不起的人，于是在一次去许都见曹操的时候就暗中把西川地图带上，准备献给曹操。不料曹操见张松相貌丑陋，身材矮小，言语无礼，并没有热情接待。为人很有几分傲气的张松见曹操根本不把自己放在眼里，就打消了把地图献给曹操的念头。

后来，曹操邀请张松前去观看曹军演练。曹操自夸军容鼎盛，问西川是否有这样的军队。张松说西川没有这般军队。但是他并不示弱，以曹操濮阳攻吕布，宛城战张绣，赤壁遇周郎，华容道逢关羽，割须弃袍于潼关这些败绩来讥讽他，曹操见张松尽揭他的短处，自然心中很不高兴，就下令将张松赶出许都。

受挫而归的张松没有死心，他转而取道荆州，想顺便看看刘备是个什么样的人，就在他刚到荆州边界的时候，便被刘备的爱将赵云接到驿馆，随后刘备的结义兄弟关羽也前来为他设宴接风，这让张松很受感动。

很快刘备就带着军师孔明、庞统等人亲自来迎接张松，一连设宴款待了他3天。刘备对张松的盛情把张松感动得不行，铁下心来帮助刘备谋划，还极力劝说刘备攻取西川，他愿意作为内应，并把所带的西川地图献给刘备，还把好友法正、孟达推荐给刘备，说他们德才兼备，可以委以重任。后来这个法正，对刘备以后的事业起着不可低估的作用。

人敬我一尺，我敬人一仗，想要成就一番事业，就一定要懂得放下身段，谦和待人，懂得礼贤下士，尊敬别人，才能赢得人心。

坦然面对成败得失

人生在世不可能永远一帆风顺，总要经历或多或少的失败，才能到达成功的彼岸，年轻人的心理机制还不够成熟，所以在面对失败与挫折的时候，容易止步不前，容易灰心丧气，要学会坦然面对成败，才能扬起人生的风帆。

历史上有很多关于成败的故事值得借鉴和学习。前秦王苻坚统一北方后，决定大举进攻东晋，他相信以他训练有素的60万步兵、50万骑兵，定能战胜东晋。于是，他自率步兵60万、骑兵25万，命其弟苻融率骑兵25万为前锋，水陆并进，浩浩荡荡开往东晋，大军以惊人的速度占领了徐州、英城、寿阳。

苻融的前锋又很快攻下了寿阳，东晋见势乱了阵脚，政权内部出现了混乱局面，大臣们各保其势，都不愿出战。正当晋孝武帝手足无措之时，将军谢玄请求出战。孝武帝大喜，马上命谢玄为前锋，都督徐、兖、青三州造军事，全面迎击苻坚。

谢玄决定首先挫败前锋苻融军队的锐气，激发晋军的士气。于是，派骁勇的刘牢之率5000精兵直取洛涧；胡彬带领5000兵马前赴寿阳增援，自己与叔父谢石迎击苻坚大军。

将军刘牢之果然不负众望，在短时间内奸灭敌军18000人，缴获很多军械粮草，达到了打击苻融前锋军的目的。但增援寿阳的胡彬军就没有这样顺利了，他因寡不敌众而战败退守硖石，无奈给谢玄写求援信，哪知信并未被送到谢玄手中，半路被前秦军截获，符坚以为东晋军大势已去，便毫无顾忌地亲率轻骑兵1万人马赴寿阳与符融会合。同时还派降将朱序到东晋军营来劝谢玄投降，事实上，符坚并不了解朱序，他是不得已投降，一直在寻找机会返回到晋军中去。

这样一来，正中朱序之意，于是，他毫不迟疑地去了晋营，见到谢玄，便把符坚的战略计划和盘托出，谢玄大喜，并授计于朱序：回去后蛊惑人心，让秦军混乱，然后组织心向东晋的将士准备里应外合，在淝水西岸一举歼灭符坚的大军。符坚因求胜心切，并没有注意到军中的变化，更没有看穿谢玄的计谋，于是在谢玄再次组织进攻时，秦军因军心涣散，加上朱序的蛊惑，又有许多士兵倒戈，与谢玄的大军里应外合，符坚再也控制不了局面，数万将士四散奔逃，投水而死者不计其数，其弟符融也被骁勇无敌的晋军所杀，而他也中箭单骑逃回洛阳。

由于符坚的忘乎所以，大意轻敌，最后遭受了惨重的失败，年轻人也容易犯这样的错误，有时候本来可以争取到的东西，结果因为一时的疏忽大意而与成功失之交臂。

当然了，一时的成败并不能定格一个人的一生，美国股票大王贺希哈说："不要问我能赢多少，而是问我能输得起多少。"他从不爱"唱高调"，他认为输赢只是一时的，只有坦然地面对这一时的输赢，才能够成为一世的赢家。

贺希哈17岁开始创业，那时他身上只有不到300美元，只在股外市场做一名掮客。由于他好学又聪明，18岁便赚了人生的第一桶金16.8万美元。他高兴地用这些钱给买了一幢房子。但是，聪明人也有犯糊涂的时候，在一战休战时期，贺希哈以超低的价格买下了一家钢铁公司，谁知不久钢铁公司就倒闭了，他一下子赔得只剩4000美元了。但是他没有因此失去斗志，他只当这些钱是交学费了，事实上他也真的从中得到了深刻的教训："绝对不能盲目地去买减价的东西。"

这件事情结束后，贺希哈带着他的4000美元去做证券交易所买卖的股票生意，决心一定要在证券市场上出人头地，但由于没有那么多钱自己经营证券公司，他只能和人合资经营，常言道："有志者事竟成。"贺希哈在短短的一年内便开设了自己的证券公司。不久，他又做了股票掮客的经纪人，月盈利达到

2万美元。

贺希哈人生的转折是在他经历了一次大冒险后，在淘金热的那个年代，安大略北方成立了一家普莱史顿金矿开采公司，在一次火灾中公司的设备全部被焚毁了，造成公司资金短缺，股票急剧下跌。就在这个时候，有人想到了思维敏捷的贺希哈，这个人是地质学家道格拉斯·雷德，他把这件事告诉贺希哈，贺希哈很快决定拿出2.5万美元做试采计划。短短几个月，便在离原来矿坑仅25英尺的地方挖到了黄金。贺希哈的这次冒险，给他带来了每年250万美元的净利润。

成功与失败是相互依存、相互转化的。贺哈希不计眼前输赢，敢于认输，最后终于反败为胜，成为最后的胜利者。人生道路上，要懂得保持冷静，坦然面对成败得失，胜不骄，败不馁，才能百炼成钢。

名利犹如过眼云烟

现代社会纷繁复杂，各种各样的诱惑充斥着年轻人的大脑，面对名利诱惑，需要一种淡泊的情怀来面对，更要拥有智慧的双眼。

人生在世，每个人都不想默默无闻、碌碌无为地活一辈子，这是人之常情。但在求取名利时应该做到：少一点欲念，多一点洒脱，脚踏实地、孜孜不倦地去追求，自然会水到渠成。

如果对于名利过分地追求，往往会导致很多人们最不愿见到的事情发生。比如，父子不和，君臣猜疑，兄弟反目成仇，等等。如果人们把名利当作过眼烟云，看得非常淡薄，那么在这个世界上妒忌之语、诽谤之为、仇杀纷争之乱将会少之又少。所以人们应该衡量事情的利弊，擦亮双眼看清事物，看淡名利。

唐代诗人宋之问有个外甥叫刘希夷，是一个很有才华的人。一日，刘希夷带着自己新作的《代白头吟》请求舅舅指点，宋之问让刘希夷先读一遍他的诗，于是刘希夷扬声诵读："……古人无复洛阳东，今人还对落花风。年年岁岁花相似，岁岁年年人不同……"宋听了连连称好，忙问此诗可曾给他人看过，刘希夷告诉他刚刚写完，还不曾与人看。宋之问道："你这诗中'年年岁岁花相似，岁岁年年人不同'二句，着实令人喜爱，若他人不曾看过，让与我吧。"刘希夷言道："此二句乃我诗中之眼，若去之，全诗无味，万万不可。"

刘希夷走后，宋之问开始翻来覆去念这两句诗，越念越觉得此诗非同寻常啊，如果一面世，定会成为千古绝唱，一举名扬天下。想到这，他开始动了歪念头，如果此诗属于自己那岂不是一夜成名了吗？那怎样才能从外甥那得到这首诗呢？想来想去，只有一个办法，那就是让希夷死。后来，宋之问真的这样做了，当然宋之问最后也得到了应有的惩罚，先被流放到钦州，又被皇上勒令自杀，天下文人闻之无不说："宋之问该死，是天之报应。"

事实上，追求名利并非坏事。名誉感很多时候会成为人们进取的动力，许多人怕玷污自己的名声而不搞旁门左道，积极进取使自己在所处的环境中得到良好的口碑。如果追求名利过分急切，就容易走上旁门左道。最终不仅名誉扫地，更将臭名远扬。

在中世纪的意大利，有一个叫塔尔达利亚的数学家，在国内的数学擂台赛上享有"不可战胜者"的盛誉，他经过苦心钻研，找到了三次方程式的新解法。这时，有个叫卡尔丹诺的人找到了他，声称自己有上万项发明，只有三次方程式对他是不解之谜，并为此而痛苦不堪。

善良的塔尔达利亚被哄骗了，把自己的新发现毫无保留地告诉了他。谁知，几天后，卡尔丹诺以自己的名义发表了一篇论文，阐述了三次方程式的新解法，将成果攫为己有。他的做法在相当一个时期里欺瞒了人们，但真相终究还是大白于天下。现在，卡尔丹诺的名字在数学史上已经成了科学骗子的代名词。

苏东坡先生说得好："苟非吾之所有，虽一毫而莫取。"美名美则美矣，只是对于那些还有一点正义感，有一点良知的人，面对不该属于他的美名，受之可以，坦然却未必办得到！得到的是美名，得到的也是一座沉重的大山、一条捆缚自己的锁链，早晚会被压得喘不上气来。

行走在复杂的社会中，名利诱惑无所不在，作为一个年轻人，要懂得把握好自己的分寸，万不可因一时贪念而将自己的前途命运毁于一旦。面对名利诱惑，要少一点欲念和私心，该是你的就是你的，不是你的也强求不得，擦亮自己的双眼，本分做人。

为人成熟而不世故

成熟而不世故的为人，是年轻人在社会交往中应该具备的一种能力。生活中，大多数人觉得做人很难，人们渴望自己早一些成熟起来，可往往又无法分清成熟与世故的界限，而陷于世故的泥坑。那么，到底怎样区别成熟与世故呢？

成熟者能看到社会或人生的阴暗面，却不被阴暗面所吓倒，表面上沉静而内心却有一腔热血。面对黑暗面，有不平却不悲观，既坚信希望在于将来，又执着于今天的努力。世故者也看到社会的阴暗面，但他却分不清主流和支流、本质和现象。他们因为曾在事业、理想、生活、爱情等方面遭受过打击或挫折便冷眼观世，觉得人生残酷，社会黑暗。在生活中，成熟与世故的具体区别表现为：

（1）真诚与虚伪

成熟者知道社会是复杂的，因此人的头脑也应当复杂些好。遇事要自己思索，自己做主，不轻信，不盲从；与人交往，考虑复杂些而不失其赤子之心，"和朋友谈心，不必留心"；如果遇见不熟悉的人，"切不可一下子就推心置腹"，因为这样既不尊重自己，也不尊重别人，可以多听少谈，真正了解后才可以敞开交流思想。这是鲁迅先生待人的经验之谈。

世故者由于过多地看到人生和社会的阴暗面，因而错误地认为人世间没有真诚可言。与人做"披纱型"的交往，把自己的内心世界封闭起来。对人外热内冷，处事设防，奉行"见人只说三分话，未可全抛一片心"的处世原则。同友相交，虚与周旋，别人的事自己探听尤详，自己的事隔墙难闻，说给别人听的，尽是些"不着边际"的话。

（2）互助和利用

成熟者在处理人与人关系上，坚持互惠互利，互帮互进的态度，有福共享，有难共当，患难时见真情。世故者考虑问题时以利益为先，交往的热情则同于己有用之程度成正比，即使是对同一个人也不例外，犹如果戈里小说《死魂灵》中的主人公乞乞可夫一样，在刚当小职员时，百般讨好巴结上司的麻脸女儿，当博得上司的好感，当上了科长，站稳了脚跟之后，便马上翻脸不认人，那个痴情的姑娘便成了他愚弄的对象。

（3）坚持原则与见风使舵

成熟者遇事头脑冷静，坚持原则，有主见，自己该干什么就干什么。世故者观风向，看气候，见什么人说什么话，投人所好，八面玲珑，采取"随风倒"的处世方法。就如有人所刻画的那样：当世故者同多愁善感的人交际，便把自己打扮成多愁善感的人，说话时，眼睛里有时还会泪光闪闪；同性格多疑的人交际，他又会俨然装得深沉起来，与对方一起分析别人如何有可能损人利己，奉劝对方应采取何种态度来对付；而同率直爽情的人谈话时，他又会马上变得疾恶如仇，好像能为朋友打抱不平，两肋插刀；然而同喜欢息事宁人、凡事调和的人在一起时，又显得老谋深算、久经风霜的样子，把那些正直的举动说成"简单"和"幼稚"，仿佛发生的一切麻烦都是因他不在场而造成的。

（4）直面现实和玩世不恭

成熟者对事敢于发表自己的意见，敢做敢当，有"舍我其谁"的大丈夫气概，往往小事糊涂，大事清楚。世故者游戏人生，采取滑头主义和混世主义态度，专搞中庸，惯于骑墙。他们和人可以谈天说地，但只是摆现象，不下结论，迫不得已时也就说些不言而喻、"大家早已公认"的结论。与人意见不一时，便以"今天天气……哈哈哈"的态度加以回避。所以，世故者往往不动声色地冷眼旁观一些事情，不惹是非，明哲保身。

（5）奋进与沉沦

成熟者和世故者也许都经历过生活的艰辛、人生的磨难。但前者把挫折当成奋进的起点，重新认识自我，后者则是对一切无所谓，企图超脱社会，或者会与恶势力同流合污。

成熟是人生的一种气质，而世故是人生的一种疾病。世故的人让人觉得不光明磊落，不够大气，时时处处充满了算计别人的心机，让别人不敢靠近，也不愿靠近，最后导致人生的失败。

给自己减负，让自己轻装上阵

身为年轻人，正是人生的大好年华，生命充满了朝气和活力，人生充满了无限的可能，但是现在却经常会听到有人说"生活真是太累了！"其实，生活本身并不累，说生活太累的人只是因为他心里感觉太累。一定要学会给自己减负，才能轻松自在地生活。

生活在这个世界上，要为衣、食、住、行去奔忙，要去应付各种各样难以预料的事，要去与各种各样的人打交道。谁也不能保证所接触的都是好事，所遇到的都是善良的人。因此，生活中必然会有这样或那样的不足，有喜就会有悲，有幸运之神也会有不幸的降临。人有君子就有小人，有高尚的就有卑鄙的。

任何事物都是相对而生的，有阴就有阳。否则，生活就不能称之为生活了。只有各种各样的事、各种各样的人生活在一起，互相交流、互相作用，才能构成色彩斑斓的生活，也只有这样的生活才是有滋味的，才是丰富多彩的。

生活中不可避免地要面对各种各样不合自己心意的事，与各种各样的人共处，是坦然、磊落、轻松地对待，还是谨小慎微，经常抱怨或者发脾气呢？无论怎么样，有一点是要做到的，那就是不要让自己长期生活在紧张、压抑之中，不要让自己的弦绷得太紧。换句话说，就是生活得不要太累了。必要的时候，放松一下自己，轻松地去生活，去面对人生。

生活是公平的，对谁都是一样，没有绝对的幸运儿，更没有绝对的倒霉鬼。你感觉自己不幸，别人同样有烦心的事；别人有好机会，你也会遇到好运气。正因为这样，千万别认为自己是最不幸的，更不要让自己困在自己织的网中挣扎不出来。

有一个老渔夫悠闲地坐在海边，一边抽烟，一边凝视着大海，身旁是他的渔船。他看起来满足而自在，心中没有任何杂念。这时，从远方驶来一艘快艇，一个富翁走了过来，两人开始了下面的对话。

富翁："这么好的天气，为什么还坐在这里抽烟呢？"

老渔夫："既然天气这么好，为什么不坐下来抽烟？"

富翁："这么好的天气，你就不能坐下抽烟！应该抓紧时间出海打鱼。"

老渔夫："我一大早就出海了，现在已经回来了，打的鱼足够满足几天的生活之需了。"

富翁："天气这么好，那你应该抓紧时间再多出去几次海，打更多的鱼。"

老渔夫："那打完更多的鱼以后呢？"

富翁："然后每天再继续去打啊。"

老渔夫："那再然后呢？还要做什么呢？"

富翁："然后你用赚来的钱，买一艘新船，租给别人。"

老渔夫："租完以后呢？"

富翁："那你就可以赚很多的钱，买更多的船，赚更多钱，做更多的事情啊……"

老渔夫："那有了钱以后呢？"

富翁："那你就成功了，就可以悠闲地坐在海边，抽一袋烟，无牵无挂，享受幸福的人生了！"

老渔夫："你看我现在在做什么呢？"

富翁："你在……"

富翁无话可说了。

生活在竞争激烈的时代，要面对生存和发展的双重压力，常常心力交瘁、疲惫不堪。我们是否静下心来仔细想过，我们到底在追求什么呢？是快乐还是痛苦呢？很多人整天都在为了所谓的成功，用辛苦和烦恼替换一天天美好的时光，人的一生不该碌碌无为虚度光阴，但只有追求美好的目标，才是健康的人生。而要追求美好，就不要错过每一天身边的美好时光。

感觉生活太累的人一般都是一些胆小怕事，斤斤计较的人。每说一句话都要考虑别人会怎么看待自己，是否因为这一句话而伤害到其他人；每做一件事都要前思后想，深恐给自己带来坏的影响。他们在工作中，对领导、同事小心翼翼；生活中对朋友、邻居谨小慎微。其实，在你周围的人，每个人的脾气都不一样，无论怎样谨慎，都不可能使每个人满意。即使样样谨慎，对你有成见的人还是大有人在。只要你不违背常情，不失去良心，那么挺起胸膛来做人做事，效果恐怕比过分谨慎更好。

感觉活得太累的人往往不能很好地调整自己，一旦遇到不幸的事发生，不能辩证、乐观地看待，而是消极、悲观地看待生活，似乎世界末日就要来临了。

任何人如果一直生活在心情沉重、感情压抑之中，那将是非常可怕、可悲的事。处处都要考虑得失，时时都要注意不必要的小节，那么干大事、成就大事业的时间将化为乌有。因为你连小事都要左思右虑，宝贵的时间就在犹豫中悄悄地流逝了。也许，当你即将老去、再回首往事的时候，会发现自己是那么渺小，两手空空，一事无成。到那时，你再后悔已经没有任何意义了。

感觉到生活太累的人，无法看到生活中光明的一面，更体会不到生活中的乐趣。因为他的时间全部放在了周围狭小的空间里，而无暇顾及其他事情。更为严重的是，他的生活是非常被动的，不愿主动去做事，总是患得患失。这样的生活永远不会幸福，更没有快乐可言，永远都背着沉重的包袱生活。

学会给自己减负，让自己轻装上阵，让自己每天都保持愉悦的心情，活得轻松一点，即使工作任务很重、人际关系复杂，也要挤出一点时间来放松一下自己，这对你的工作会更有益处，你也会因此发现新的天地。

道德至上，以德立身

人的品行、德行就是"德"，自古"才"与"德"并重，形容一个人最好的词语就是"德才兼备"。

一个品行不端、德行糟糕的人不可能结识真正的朋友，获得长久的事业成功。这样的人也很难有人能与之长期合作，因为这种人就是过河拆桥；这种人在家庭中，也会做出不道德的事情，极有可能造成亲人的痛苦和不幸；他们还甚至可能因为某种利益的驱动，铤而走险最终落入法网。

要走向成功，需要以德立身，这是一个成功者必须确立的内在标准，没有这个内在的标准，人生之路就会失去支撑，最终导致失败将是必然的。

以德立身必须以自律为前提，一味讲"哥们儿义气"并不在以德立身之列。俗话说："近朱者赤，近墨者黑。"比如，明知这个项目不能担保，因为受朋友的委托，所以还是办妥了，诸如此类经济犯罪案件多数发生在年轻人身上，他们重朋友、讲义气，交往中自以为彼此很了解底细，因此在合作中绝对信任对方，毫无防备，不能办的事也不好意思拒绝，这样，如果被缺德之人利用，必然会毁了自己的前程。

以德立身贯穿于人生的全部过程之中，是一个人做人最根本的原则。在人生的不同阶段，道德对于人的要求虽有着不同的变化，每个人经历的内容也不一样，但是，"以德立身"的人生支柱是不变的，它对每个人的人生大厦起着支撑作用的定律是不变的。

富兰克林是美国资产阶级革命时期民主主义者、著名的科学家，一生受到了人们的爱戴和尊敬。但是，富兰克林早年的性格非常乖戾，无法与人合作，做事经常碰壁。富兰克林在失败中总结经验，他为自己制定了13条行为规范，并严格地执行，他很快为自己铺就了一条通向成功的道路，对于现今的年轻人也有借鉴的意义：

（1）节制：食不过饱，饮不过量，不因为饮酒而误事。

（2）缄默：讲话要利人利己，避免浪费时间的琐碎闲谈。

（3）秩序：把所有的日常用品都整理得井井有条，把每天需要做的事整理出时间表，办公桌上永远都不零乱。

（4）决断：决心履行你要做的事，必须准确无误地履行你所下定的决心，无论什么情况都不要改变初衷。

（5）节约：除非是对别人或是对自己有什么特殊的好处，否则不要乱花钱，不要养成浪费的习惯。

（6）勤奋：不要荒废时间，永远做有意义的事情，拒绝去做那些没有多大实际意义的事情，对于自己的人生目标永不间断。

（7）真诚：不做虚伪欺诈的事情，做事要以诚挚、正义为出发点，如果要发表见解，必须有根有据。

（8）正义：不做任何伤害或者忽略别人利益的事。

（9）中庸：避免极端的态度，克制对别人的怨恨情绪，尤其要克制冲动。

（10）清洁：不能忍受身体、衣服或住宅的不清洁。

（11）镇静：遇事不要慌乱，不管是普通的琐碎小事还是不可避免的偶然事件。

（12）贞洁：要清心寡欲，绝不做任何干扰自己或别人安静生活的事，也不要做任何有损于自己和别人名誉的事情。

（13）谦逊：道德没有统一的标准，一个道德高尚的人会尽自己的最大努力去帮助别人，做对自己和他人都有利的事情，绝不会做损人利己的事情。

不以自己的好恶区分人

　　每个人都有自己喜欢和不喜欢的人，在看人时如果能不以个人的喜恶为标准，就会发现别人身上有很多长处，其实每个人都不是完全的好，也不是完全的坏，多看别人身上的优点，将来一些人就可能为你所用。

　　春秋时期，四君子以养门客闻名，其中以孟尝君为最，据说座下有门客三千。一次，又有两个人前来投奔，其中一个能钻狗洞、能学狗叫；另一个会学鸡叫，除此之外，别无所长，孟尝君还是把他们留下来。许多门客不服气，总觉得这两个人没什么能耐，和这样的人在一起觉得丢人，于是请孟尝君将这二人辞退。孟尝君劝他们说："世无不可用之人，有一技之长就是人才，让他们留下来吧。"

　　没多久，孟尝君奉命出使秦国。鉴于孟尝君的名声，秦昭王想让他留下来做相国。有人劝秦昭王说："孟尝君是齐国人，又很有本事，如果在秦国做了相国，他不会替秦国谋利的，即便是肯为秦国出力，也一定是先想着齐国然后再想着秦国，如果是这样，秦国不就危险了吗！"

　　秦昭王听完觉得有理，就打消了让孟尝君当相国的念头，而且把他关起来，想把他杀掉。孟尝君托人向秦昭王的一个宠姬帮忙说情。这个宠姬说："我想要孟尝君的白狐狸皮裘。"

　　原来，孟尝君有一件皮衣，价值千金，天下无双。他把这件皮衣送给了秦王，秦王的宠姬只有得到了这件皮衣才肯帮忙，确实给孟尝君出了一个难题。孟尝君很发愁，问遍门客，谁也想不出对策。

　　这时，那个能钻狗洞学狗叫的门客说："我能弄来白狐裘。"他在夜里装成一条狗，进入秦王宫中储藏东西的地方，偷出孟尝君献给秦昭王的那件皮衣。孟尝君又把这件皮衣献给了那个宠姬，宠姬替孟尝君向秦昭王讲了情，秦昭王就把孟尝君放了。

　　孟尝君获得行动自由以后，换了证件，改了姓名，混出咸阳，连夜逃往齐国。秦昭王放了孟尝君以后，又后悔了，让人去寻，得知孟尝君已经逃走了，于是他就派人驾车追赶。

　　半夜时分，孟尝君来到函谷关下，却出不了关。因为秦国有一条规定："鸡鸣以后才准放人通行。"孟尝君很怕追兵赶到，心里很着急。这时，那个会学鸡叫的门客捏起嗓子，学着公鸡打鸣的声音，十分逼真，引得附近的公鸡也鸣叫起来。守关的人听到鸡叫，就开关放人通行，孟尝君得以顺利脱逃。

当孟尝君在秦国遭难时，那么多才子贤士都束手无策，全靠这两个只会一点雕虫小技的人才得以脱险，由此可见用人之道确有奥妙，不可以常理度之。

所以古有明训："人无完人。"看人总要往好处看，对人才有信心，才敢把事情放心交托给他。如果总是盯着别人的缺点，看不到他的长处也许会把一匹千里马当成了一匹跛脚驴子。只有透过缺点看优点，才能找到真正的千里马。克服这一弱点要注意两点：

（1）不管小毛病

美国南北战争时期有一位将军叫格兰特，此人有卓越的军事才能，但同时又是一个好酒贪杯的酒徒。总统林肯看到的只是他的帅才，而不计较他的缺点，因此大胆地起用了格兰特。当时林肯对众多的反对者说："你们说他有爱喝酒的毛病，我还不知道，如果知道我还要送一箱好酒给他喝！"格兰特上任后，迅速扭转了不利的局面，使美国南北战争以北方军很快平定南方叛乱而告终。

有才者，君子小人莫不乐为之用。有些人确有大才，也有明显的品格缺陷，这种人用好了是个宝，用不好是个精怪，要有王者气象和超群统御力的人，才用得好这种人。

（2）要管大毛病

一个出生豪富之家的人在读书时，在某地发现一个公寓村，共有800套住房闲置。于是，他建议父亲将这个公寓村全部买下来，交给他经营。由于他还要读书，就聘请一个名叫欧文的人当经理，代他管理物业。欧文颇有治事之能，很快使公寓村的各项工作走上正轨，几乎不用他操心。

但是，欧文有一个令人讨厌的毛病——偷窃。仅一年时间，他偷窃的公物即高达五万多美元。

发现欧文这种毛病后，从心情上来说，他恨不得让这个家伙立即滚蛋。但是，从理智出发，他觉得还需要慎重。一方面，他一时找不到一个合适的人接替欧文的职位；另一方面，他认为公司不仅是一个赢利的地方，也是一个传播文化、培训人才的地方，对一个有毛病的人，不加教育就推出去，是不负责任的态度。

最后，他决定给欧文一个改过自新的机会。他将欧文找来并加了工资，指出了欧文的毛病，建议他以后一定要检点自己的行为。欧文既羞愧又感激，自此，改掉了恶习，兢兢业业工作，为他赚了好几百万美元。

在处世交友时，因为一个人的缺点而抛弃这个人，是最省事的做法，却不是最好的做法。人的优点与缺点经常是伴生的，不要以自己的好恶来区分人，尺有所短，寸有所长，要多看别人好的一面，才能创造更好的人际关系。

尽量不去批评别人，且要懂得适当赞美

与人交往做到和谐相处，就得承认对方的价值，允许个性的存在。如果喜欢对别人说三道四，一副盛气凌人的样子，这样的人难有好人缘。当你强求别人的时候，反过来应该想想别人对自己会怎么看。

托马斯·卡莱尔说过："伟人是从对待小人物的行为中显示其伟大的。"

赞扬是对人的鼓励与肯定：可以使人信心百倍，精神焕发。赞扬可以使人在一种受到充分尊重的氛围下把赞扬者的要求变为他的自觉行为。

歌德与席勒曾是好朋友，有一次他们一起到剧院观看预演。二人的性格不同，对待人的方式也不同：歌德喜欢发脾气，动不动就大发雷霆，说话语气全用命令式；而席勒则作风完全相反。此次演出的剧本是席勒的作品，因而两人都满心欢喜。不料一看预演，发现主角仍没把台词背熟，而已经到了正式上演的前一天。歌德不禁勃然大怒："你们到底干什么去了，这样怎么能上演！"在歌德的斥责下，主角赶紧拼命背台词，但到了第二天上演，仍然不够流利。第一幕结束后，席勒来到后台，握住对方的手、充满信任地说："演得不错，相当成功，说话语气也很恰当……"听了这些话，那位演员精神倍增，信心完全恢复。在以后的几幕中，台词都流利地背诵了出来，演技也发挥得淋漓尽致，台下掌声雷动。

称赞能正面引导别人朝着所希望的方向去做。很多情况下，如果能把领导者的要求，转化为对方自身的需要，那么事情就好办多了。然而一味称赞也会带来不良的负面效果。一个总是生活在掌声、恭维与鲜花中的人，也会变得不可理喻，他会自负、高傲、目空一切。

　　有些人很喜欢指责他人，一旦出现问题，他们首先想到的就是如何将责任推卸给他人。有些人似乎养成了一种不以为然的恶习，他们动不动就批评他人。还有些人，他们本来在某方面做得并不好，却非要拼命去批评别人。这种批评怎会以理服人呢？其结果要么伤害他人，要么被人反驳。其实，尽量去了解别人，尽量设身处地去思考问题，这比批评要有益得多，这样不但不会害人害己，而且让人心生同情和仁慈。"了解就是宽恕"，何不运用温柔之术呢？所以，当我们批评他人时，先想想自己："我做得怎样？是否应该完全怪罪他人？"这样，你也许会完全改变自己的想法和行为，并与他人保持一种良好的人际关系。

　　英国文学史上著名的小说家托马斯·哈代曾因受到苛刻的批评而放弃写作，另一位英国诗人托马斯·查特敦年轻的时候并不圆滑，但后来变得富有外交手腕，善于与人应对，因而成了美国驻法大使。他坦言其成功秘诀："我不说别人的坏话，只说人家的好话。"

　　只有不够聪明的人才批评、指责和抱怨别人，善解人意和宽恕他人，需要有修养自制的功夫。其实很多时候，求全责备会适得其反，而宽容却能达到目的。

调整心态，戒骄戒躁

第三章

调整心态，戒骄戒躁

心态是我们唯一能完全掌握的东西，我们应该学会控制自己的心态，不做情绪的奴隶，得意时淡然，失意时泰然，能够坦然面对一切。在与他人交往的过程中，要戒骄戒躁，正确的评价和肯定自己，要懂得自我约束，这是成大事必备的素质。

得意淡然，失意泰然

人生道路总是充满艰辛与坎坷，年轻人在成长的道路上必然会遇到一些困难与挫折，那么怎样去面对这些苦难呢？这时候就需要有一种遇到任何事都能够做到得意淡然，失意泰然的心态。古今中外成大事者一般都具备"泰山崩于前而色不变"的沉着。

三国时期，曹操手下有一智慧超群、谋略过人的谋士——荀攸，他辅佐曹操20余年，期间讨袁绍、擒吕布、定乌桓，他从容不迫地谋划战争策略，处理军中上下左右的复杂关系，直到辅佐曹操统一北方。他能始终在残酷的人事倾轧中处于稳定地位，原因就在于他能够稳住心气，无论在怎样的情况下他都不会乱了方向。

曹操曾对荀攸的这种从容的心态用一段话作出精辟的总结："公达外愚内智，外怯内勇，外弱内强，不成善，无施劳，智可及，愚不可及，虽颜子、宁武不能过也。"由此可见，荀攸的智慧过人，他对内对外，表现得迥然不同，对内，他用过人智慧连出妙策；对外，他用坚强的意志奋勇当先，不屈不挠。但却从不邀功，不争权位，表现得谦虚谨慎，宠辱不惊，甚至还欲加掩盖他的功绩。

在曹操谋取袁绍的冀州时，荀攸前后谋划了12种策略，使得曹操顺利地打败袁绍。但当有人问起他当时的情况时，他的回答却极其出人意料，他说他什么都没做，即使史家称赞他是"张良、陈平第二"时，他仍然闭口不提自己的卓著功勋。

正是由于他宠辱不惊的心态，他深受曹操宠信20余年，直到建安十九年在从征途中善终而死，也没有一人在曹操面前谗言陷害他，更没有过让曹操不悦的行为，这在历史上非常罕见。在他死后，曹操痛哭流涕说："孤与荀公达周游二十余年，无毫毛可非者。"

宠辱不惊的处世方式，并不像表面上看起来那样不知喜怒哀乐，事实上，它是通过多做事少说话、沉着冷静地将自己的智慧发挥得淋漓尽致。

西汉初年，在连年战争导致人口锐减，经济萧条，国家困难重重的情况下，汉高祖赐予功勋卓著的张良富饶的齐地三万户为封邑。张良在这种情况下，毫不犹豫地婉言谢绝了汉高祖的厚赐，这种明哲保身的良苦用心堪称高明。高官厚禄的确诱人，但是低调做人的本色不能丢弃。如果你拥有名利就沾沾自喜，失去名利就黯然伤神，那么，你永远也只是外物的奴隶。

大凡成就大事的人，他们的成功都取决于为人处世的方法。一旦取得成绩便兴奋不已，大肆炫耀自己的功劳，丝毫不能稳住心气，这样高调的做人方法是不可取的。真正大智慧的人能够做到宠辱不惊，甚至能够把自己的成就掩藏起来，把成功的光环戴在别人的头上。

现实中存在着这样一种情况：功高盖主。自古以来人们就很注意这一点，不论做任何事，都要守住自己的本分，绝不能独霸荣誉，避免功高盖主。否则，轻则招致别人的怨恨，重则惹来不可预知的祸患。历史上有很多这样的事例，那些能在关键时刻不炫耀、不独享荣誉的人，都能全身而退，有个好结局。

汉代晁错自认为才智超过文帝，朝廷中的大臣也远远不及他，屡次向文帝暗示自己完全可以担任佐命大臣，想让文帝将处理国家大事的权力全部交给他。晁错的这一行为正是功高盖主的表现。

提起韩信无人不知，最终的下场悲惨至极。最主要的原因就是没有稳住心气，被受宠的光环迷住了智慧的眼睛，导致功高盖主，最终以悲惨结局收场。

韩信从项梁、项羽起义时，被任命为郎中，为其主屡献良策，可是却不被重用，认为英雄无用武之地，便投奔刘邦，被萧何荐为大将。

楚汉战争时期，韩信明修栈道、暗度陈仓，出奇制胜一举攻下关中。后来，刘邦与项羽相持于荥阳、成皋间，韩信被刘邦任命为左丞相，带领兵马攻打魏，平定赵、齐，而后被封为齐王。

在韩信的协助下，刘邦很快建立了汉朝。后来有人诬陷韩信，说他要举兵造反，被刘邦降职为淮阴侯。后有人诬陷韩信与其部下同谋，欲起兵长安，最后被吕后设计杀害于未央宫。

人们要学会宠辱不惊，能够做到得意淡然，失意泰然。在取得一些成就的时候，千万不要独享荣誉，应该适当地将荣耀分给其他人一些，只有这样，才能在为人处世的过程中不受别人的排挤。

人不可没傲骨，但不可有傲气

在现实生活中，有些人自恃某方面高人一等，言行之间盛气凌人，显得很不可一世。这样其实是愚蠢的表现，人生在世不可没傲骨，但不可有傲气。傲在恰当的时候，不但不被别人所厌弃，反而会得到别人的尊敬和爱戴。

一些人，或有才，或有势，或有名，或有钱，因此就处处一副不可一世的样子，言行举止高傲自大，态度盛气凌人，根本不把别人放在眼里。这样的人即使起初有人与其结交，但时日一久，终将为人所弃。

人不可没有傲骨，但不可有傲气。骄傲往往惹人讨厌，若因为某一丁点优势而洋洋自得则更让人鄙夷。不要随时摆出一副"伟人"架子，这是很令人憎恶的，也不要因为有人羡慕而不可一世，更不要时时都是一种教训人的口吻，平易近人更容易让人接受。

自满自得不是明智的表现。自信是好事，但是过分地自我感觉良好实际上是一种无知，很可能导致名誉扫地；才高也是好事，但如果处处显摆、自以为是就会伤人伤己，不受人欢迎；权重也是件好事，但如果骄傲自大，盛气凌人，远离群众，则惹人厌烦。所以，无论何时何地，都应该放低姿态做人。

日常生活中不难发现这样的人：虽然积极能干，思路敏捷，能言善辩，但他讲话，别人都不愿意听，做事也没人愿意合作。为什么呢？因为他狂妄自大，言行举止盛气凌人，让人感觉别扭，跟他在一起太压抑。因此，即使他能力出众，即使他的建议很到位，观点很有价值，别人也很难接受他。这种人大多都喜欢表现自己，总想让别人知道自己很有能力，处处想显示自己的卓越之处，从而获得他人的敬佩和认可，表明其与众不同。但结果却往往适得其反，费力不讨好。

每个人在社会交往中都希望能得到别人的积极评价，希望得到别人的认可和尊敬，都自觉不自觉地维护着自己的形象和尊严。交流的目的在于沟通，而不是去欣赏别人的表演，更不是去卖弄露丑。如果对方过分地卖弄，使劲地显摆，总是一副盛气凌人的样子，处处显示出高人一等，那么无形之中就打击了自己的自尊和自信，更是对自我意识的一种挑衅，敌意也就不自觉地产生了。因此，即使双方都不是有意的，但一方盛气凌人的表现可能会摧毁一座本可建成的友谊之桥。

好钢用在刀刃上，有能力、有地位、有名望尽可显示在应该用到的地方，而不是把它作为自高自大、盛气凌人的资本，去惹人讨厌，招人嫌弃，即使确实有能力，有资格，也不要使别人感到相形见绌，低人一等，成为自己的陪衬。而谦和有礼的态度无疑表达了自己对对方的尊敬，是个人修养的体现。

据说英国大文豪萧伯纳从小就很聪明，且言语幽默，机灵善辩。但是年轻时的他自恃口才了得，知识丰富，盛气凌人，言语尖酸刻薄，凡是跟他有过交流的人，对他的知识和口才都非常佩服，但是对于他的言行举止、行为作风却很不以为然。时间一长，跟他交往的人便越来越少，人人对他都避而远之，怕被他用尖酸的言辞奚落。

后来，他的一个长辈看不过去，私下对萧伯纳说："你说话幽默，言辞风趣，常常会让人喜笑颜开，这是优点。但是大家觉得，如果你不在场，他们会更快乐，更轻松。因为别人都觉得比不上你，而且你一贯喜欢讽刺别人的缺点，有你在，大家都不敢轻易开口，怕在你跟前丢丑。你的知识、口才确实比他们高明，但时间一长，你的那些朋友都将弃你而去。你有没有仔细地想过，那会是什么样的后果？"长辈的这番话使萧伯纳幡然醒悟，他开始明白，如果长时间这样，而不彻底改变以前的行为作风，整个社会都将不再接纳他，又何止是失去朋友这么简单呢？所以他立下决心，从此以后，再也不讲尖酸刻薄的话了，对人要谦和礼貌，即使对方有什么错误需要纠正也要言语委婉、态度诚恳。一席谈话不仅改掉了萧伯纳的做人处世作风，而且坚定了他的人生方向，为他后来在文坛上的地位奠定了基础，他谦和礼貌的为人也受到了广大人民的欢迎，赢得了世界人民的尊重。

盛气凌人者，多半自我感觉良好，骄傲自大。比别人多点优势，不一定就非要显摆给他人知道，时间自然会证明一切。卡耐基曾经说过这样一段话："你有什么可以炫耀的吗？你知道是什么东西使你没有变成白痴的吗？其实不是什么大不了的东西，只不过是你甲状腺中的碘罢了，价值才5分钱。如果医生割开你颈部的甲状腺，取出一点点的碘，你就变成一个白痴了。5分钱就可以在街角药房中买到的一点点碘——使你没有住在疯人院的东西。价值五分钱的东西，有什么好谈的？"

恃才傲物的人，往往只是把自己或者自己的那点长处看得无比宝贵，却忽视了别人的感受。他们不明白，社会是个群体，如果没有人欣赏，即使是世界上最璀璨的明珠也比不上一块带给人快乐的普通的石子。

有一个说法，很早以前，河边的鹅卵石也跟别的地方的石头一样，浑身长满尖锐的棱角。一天，因为一个鹅卵石不小心被别的鹅卵石用棱角刺了一下，双方大打出手。结果，你碰我挤，导致所有的鹅卵石都开始了一场混战。每块鹅卵石都像疯子一样，用自己身上最尖锐的地方向伙伴们狠狠地刺去，大家斗得天昏地暗，日月无光。很长时间以后，遍体鳞伤的鹅卵石们没有精力再打下去了，就不约而同地一起住手了。然后在河滩上四处一看，鹅卵石们都傻眼了，不仅很多鹅卵石粉身碎骨，没有了踪影，而且幸存的鹅卵石们一个个也都变得光滑圆溜，身上所有尖锐的棱角在这次混战中都给磨掉了。蓦然，所有的鹅卵石都欢呼起来，因为它们没了可以刺伤别人的棱角。自此，河边的鹅卵石就成了今天这个样子——光滑、圆溜，惹人喜爱。

盛气凌人的态度就像是鹅卵石身上的棱角，刺了别人也伤害了自己。所以做人不要傲气冲天，也不要唯唯诺诺，趋炎附势，有骨气、谦和有礼才能受人欢迎，才能被人重视。

简单生活，就会自在洒脱

做人要有简单的心态，有句话说得好，生活之所以累，一小半源于生存，一大半源于攀比，整天为追名逐利活着，必然会觉得很累。而追求淡然恬静的人，按照自己的原则做人，简单生活，就会活得自在洒脱，如古人所说的："没事汉，清闲人。"

"没事汉，清闲人"看似没有什么"心机"，实际上却隐藏着做人的大学问。"没事"与"清闲"强调的是一种精神上的自由。不管外界有多少有形无形的枷锁，精神意志却是自由的，"泽雉十步一啄，百步一饮，不蕲畜乎樊中。神虽王，不善也"。水泽中的野鸡宁愿走十步或百步去寻到饮食，也不愿被关在笼子里。在笼中，即使精神旺盛，也并不感到自在。这一点，与西方的"存在主义"代表人物萨特似乎不谋而合。萨特在他的《苍蝇》一剧中，借众神之神朱庇特之口说："神与国王都有痛苦的秘密，那就是——人类是自由的。"

卢梭说："在所有的一切财富中最为可贵的不是权威而是自由，真正自由的人，只想他能够得到的东西，只做他喜欢做的事情。""放弃自己的自由，就是放弃自己做人的资格，放弃人的权利，甚至于放弃自己的义务。"当然，自由不是随心所欲，任何自由都是有限度的，有规则的，所谓"绝对的自由世界"纯属子虚乌有。

说到底，自由就是顺心尽兴，但能顺心尽兴不是随心所欲，为所欲为，而是有追求，不贪心，心性不可太盛，要奉献，但不亏心。不违心，不同流合污。所谓有追求，不贪心，心性不可太盛，就己说，人生无论宏大的还是微小的，总要追求点什么，完全浑浑然无所求的人几乎没有。人要生存，要生活，就要有一定的物质保证，以满足起码的生存需求。适当的物质追求也是天经地义，无可厚非的。即使功名利禄，只要是付出所得，似乎也应受之无愧。但若对于这些东西的需求，变成无止境的追求，并以此作为人格追求，价值追求，必然会贪心不足蛇吞象。即使一次评职称，一次调级，一次提干没能满足，甚至其中有明显不公，也不可耿耿于怀，伤心劳神而穷追不放，甚至于放肆撒泼。这样既无面子，又不宜养生。

与人相处得理时，别咬住不放，得饶人处且饶人，尤其那些非原则的小事不要太较真儿，闹得不欢而散。如此日久天长，就成为"有人缘"的好人。生活是复杂的，处处有矛盾，但要做到事事有原则。

经验告诉我们，心愿与现实常常阴差阳错，或歪打正着。但只要肯努力，抱定希望，不断充实自己，"是金子早晚会发光"，要相信"天生我才必有用"。更重要的是在追求的过程中不迷失自己的心性，相信一定能精诚所至，金石为开。

要有坦然面对一切的心态

要想成功就不能自我封闭、拒绝一切。人生活在群体之中，就必须适应社会，懂得合群。要有坦然面对一切的心态，而不是得过且过。

有一位女孩，随着青春期的到来，她慢慢地产生了摆脱父母的心理，开始有自己的书房和小书桌，每天写日记，藏在抽屉中，不让妈妈看。她希望用自己的内心去体验世界，可是面对纷繁的现实世界、繁杂的人际关系以及沉重的学习压力，又感到一种内心的不安全感。于是，她开始变得孤僻，害怕人际交往，在内心中产生一种莫名其妙的封闭心理。有时，一个人跑到小河边望着宁静的河水流泪，顾影自怜。她渴望与同学进行交往，羡慕其他同学无忧无虑地参加集体活动，可她却又害怕主动与别人交往，还抱怨别人对她不理解、不接纳。

自我封闭是一种非常可怕的心态，与外界隔绝，生活在个人小圈子，难以与人交往，发展到一定程度，就成为一种心理疾病。

自我封闭的原因有以下几个方面：

（1）由于过分自尊的心理所致

世界著名心理学家马斯洛的自我实现心理学，提出了人的自尊需要。其实，每个人都希望自己得到公众的尊重和喜欢，但是这种自尊的需要仅仅是自己本人的一种希冀，能否在事实上得到，则取决于公众对自己言语、举止、行动的评价和肯定。将自尊的需要作为一种行动去指导自己的行为，这本没有理论上的错误，但是这种自尊心理不能过分。一个人在社交中过分让自尊心理占据指导和支配地位，就会怕自己的行为失当，在乎人们会怎么看待自己。甚至有时会因为过分强调自尊心理，而不愿与比自己强的人交往。如此思来想去，就会把自己封闭起来，不与外界往来，变成孤家寡人，慢慢地就难以适应现代社会了。

（2）由于自卑情绪所致

自卑是人们对自己虚设的一种自我否定，也就是说"自己瞧不起自己"，缺乏自信和自强。这种心理一般表现为害怕失败，或者说不能正确对待失败。日本有学者研究认为有自卑感的人，一般属于下列10种类型之一，或是合乎其中两种以上：

①为了追求超过限度的愿望而心焦气躁。

②由于企求赞赏的愿望太迫切，不时行之于言表，如未如愿，反过来责备别人。

③产生自己十全十美的错觉，因而自以为能够产生本身产生不了的力量。

④企盼做出超出能力的事，由于达成无望，因而经常消极地嘲笑自己。

⑤曾经在竞争上输给别人，一直难以忘怀。

⑥被别人的成功所压倒，叹息"鸿运"没有降临到自己头上。

⑦没有测量自己的尺度，总是以别人的尺度测量自己。

⑧逢人便说："我的工作条件不好怎能成功？"借此逃避自己的责任。

⑨经常担心被别人看穿自己的烦恼，因此与人接触总是戒意在先。

⑩不敢面对缺乏能力的自己——刻意逃避自己，事实证明，有自卑感的人，总是畏畏缩缩，社交时自然"不战自败"。

（3）受羞怯心理的影响，怕羞者常常担心自己被别人否定

他们总是把别人看作是自己的法官，这样一来，跟其他人在一起就会感到不自在。特别是和名人或比自己水平高的人交往，这种"不自在"好比芒刺在背。久而久之就会把自己封闭起来，不与他人往来。

（4）愚昧无知所致

一位西方心理学家指出："愚昧是产生惧怕的源泉，知识是医治惧怕的良药。"例如他人正在谈论的一个话题，一个根本不知晓此类问题的人在这种社交场合下，他若不介入谈论，就会明白地告诉他人自己是无知于此道；若是介入谈论，便会由于无知而"出丑"，所以这种进退维谷的局面，便会使他封闭自我，不参与社交，孤立于一隅。要学会克服上述心理障碍，正确认识自己，勇敢面对社会面对他人，走向成功人生。

①要有社交成功的愿望。只要你想进入大家的圈子，想成为社交的一员，想受到大家的欢迎，想有许多朋友，你就会努力去学习社交，就会调动你的一切智慧去掌握社交的技能，最终学会社交。

②要敢于表现自己的长处。每个人都有自己的长处，只要你相信自己有能力去和别人交往，就会发展自己的长处，不断地显示自己的长处，你就会吸引别人的注意，找到自己的志同道合者。不要怕自己不行，要相信自己会做得很好，只要你有自信，你就会使自己的长处得到充分的发挥。

③在别人面前承认自己的缺陷与不足，不但不会丢脸，反而会得到别人的尊敬。每个人都有自己的短处，敢于承认自己短处的人是勇敢的人。很多人不敢在别人面前承认自己的缺陷和不足，是因为害怕别人看不起他，其实"头上的烂疮疤盖是盖不住的"，只有承认它的存在，才有改正的可能。另外，每个人都有不足，承认自己的不足也没有什么可丢人的。相反，你承认自己有不足大家会认为你是个诚实的人，值得信赖，就会愿意结交你，和你成为朋友。

④多与别人交谈，敞开心扉，能容他人，他人也就能容自己。话是开心的钥匙，只要与人交谈就会收到交际的效果。多与人交谈就会渐渐地敢于说出自己的心里话，就会与人坦诚相待，就会容许别人发表自己的见解，彼此兼容就会达成一致，就会建立友谊，你也就学会了交际。

只要你真诚地对待别人，不掩藏、不惧怕、不害羞就会走出自我封闭的阴影，其实，外面的世界是很容易接触的。

自我吹嘘，惹人厌烦

每个人都有表现欲，有了成绩总希望别人知道，最好能受到赞美，这种心理很正常，但是要知道每个人都讨厌别人的吹嘘。有涵养的人会顾着你面子，假装微笑，假装欣赏，而你可千万别认为每个人都这么有涵养。很多人会在你吹嘘自己的时候很冷静地刺你一下，把你自我吹嘘时不小心露出的漏洞给捅出来。

喜欢自我吹嘘的人很容易给人以不忠实的感觉，给人留下不好的印象。如果你去面试，想得到一个好的工作，担心短时间内不能把你的优点和成绩全告诉对方，于是拼命地显示自己的好，把自己大大吹嘘一下，那么经理会认为你这个人好大喜功，做事肯定不踏实。如果有这样的印象，那你肯定没戏了。

喜欢自我吹嘘的人经常会有意无意地贬低别人。有时候，其实并没想到要贬低别人，但在说话时一味强调自己，旁人听了就会感觉到是在抬高自己、贬低旁人。在办公室年终小结的时候，轮到发言时，有人一口气罗列了几十条成绩，有些确实是个人的成绩，但肯定有些是共同的成绩，但揽在自己名下，同事当面不会说什么，但可能在投票选先进的时候，给他一个零分。

喜欢自我吹嘘的人往往缺少团队、协作精神。他们喜欢表现自己，喜欢抢功劳，喜欢争名夺利。在需要协作完成时，他们首先会尽可能地一个人干，不行的话，会在过程中有意识地分清你我，让别人清楚，哪些是自己干的。有能力干倒也无妨，最可恨的是那些干起事来缩在后面，干完事以后抢在前面的人。当然他自己不喜欢集体，集体也不会喜欢他，所以，喜欢自我吹嘘的人往往是孤独的。

喜欢自我吹嘘的人也容易自我陶醉，容易忽视别人。稍微有点能耐的自我吹嘘者很是自以为是，在自我陶醉时，当然也最容易忘乎所以，导致做事的过程中漏洞百出。

我们都知道自我吹嘘不讨人喜欢，自我吹嘘的人也往往会在孤独中体会到这一点。所以在说话之前，凡事首先要多为别人考虑一下。千万不能在名利面前太贪，需分清彼此，最基本的是不能抢别人的功，如果能让一些给别人，那就更好了。但不管如何，切记在你张口的时候要先说别人的功和名，然后再提自己那份。

其次，要时刻提醒自己：成绩是大家有目共睹的，再说就是画蛇添足了。其实有的人被人冠以"自我吹嘘"，也是有点冤枉的，因为他们说的还都是实话，他们只是喜欢在别人知道以后还不厌其烦地说自己的成绩。其实，即使别人没看到，但迟早会知道，不必担心成绩会马上消失，有的人是生怕不是所有的人都知道。要记住：别人传你优点要比你自己去说可信100倍。如果你能在做了好事无人知晓的情况下，一言不发，那你就成"圣人"了。

做人有"心机"，就要有这种心态：做事不是为了给别人看的，而是为了自我充实，自我满足。如果凡事都要别人肯定，自己才能高兴，那就太可悲了，毕竟活在别人的眼光里是很累的。

水满则溢，谦虚为人才会有长足的进步

谦虚不是故意贬低自己，也不是虚伪地应付，谦虚的态度是对自己的深刻认识，发自内心的真诚。在任何时候、任何场合，谦虚做人，都是最受人欢迎的。

牛顿在科学上的成就举世公认，可是他却认为自己只不过是一个在大海边拾到几只贝壳的孩子，而真理的大海他还未曾接触。牛顿之所以能闻名世界，不仅仅是因为他在科学上的成就，还要归功于他谦虚和逊的为人作风。

托马斯·杰斐逊为美国的独立作出了巨大的贡献，后来还成为美国总统。他早些年曾担任驻法大使，而他的前任是伟大的科学家富兰克林。杰斐逊上任以后，曾去拜访法国外长。

两个人礼节性地寒暄之后，法国外长问道："是您代替了富兰克林先生？"

"我只是接替他的工作，没有人能够代替得了他。"杰斐逊认真地说。

托马斯·杰斐逊用谦恭有礼的话表达了对前任，也是另外一个伟人的尊敬之余，他也赢得了别人的尊重。

谦虚应该是真诚的，发自内心的。而虚伪的、过分的谦虚不但不能让别人心存好感，反倒容易让人产生不满。

获得了五连冠的中国女排在中国人民心目中有着极高的地位。在一次获得世界冠军后，参加中央电视台播放的体育晚会时，有记者问夺冠功臣郎平："你们得了冠军之后，当时的心情如何？你是怎么想的？"

郎平不假思索，脱口而出："我想最好能睡3天觉！"这样的回答含蓄地表明了女排姑娘们拼搏的辛苦，却没有一点夺得冠军的张扬，而实实在在的话语更是打动了电视观众的心，现场顿时爆发出热烈的掌声。倘若郎平执意谦虚一番，讲一些"我们还有很多不足"之类的场面话，可能会给人味同嚼蜡的感觉，起不到这么好的效果。

一个人可能了解得越多，越会认识到自己知道得很少，这是人类认识发展的一条规律。古希腊哲学家芝诺这样说过，浅薄的人总以为天下地上无所不知，无所不懂，而富有智慧的哲人才深感学海无涯，自己永远是个学子。

英国首相丘吉尔，他不只是英国政府的领导人，还是个伟大的演说家，一生之中留下了很多精彩的演讲。有个故事曾经被他在演讲中多次提到，故事是这样的：

有一个晚上，丘吉尔要去广播电台发表一个重要的演说。但是他的车子坏了，所以他出门后，就挥手叫了一部计程车。

丘吉尔很客气地说："司机先生，可不可以麻烦您载我去BBC广播电台？"

计程车司机摇下车窗，伸出头来说："先生，很不好意思，我不能载您去。请您另外招一部计程车吧。"

丘吉尔疑惑地问："为什么呢？现在不是还早么？难道您不载客了吗？"

计程车司机很不好意思地回答："不是这个原因，因为BBC广播电台太远了，如果我载您去了那里，那么我就来不及回家在收音机里收听丘吉尔的演讲了。"

丘吉尔听了之后，心里实在很得意，就感动地从口袋里掏出5英镑给了计程车司机。

司机看到丘吉尔给他那么多钱，立即兴奋地叫着："先生，上来吧！我现在就载您去BBC广播电台。"

丘吉尔诧异地问："那么您将无法收听到丘吉尔的演讲了！没有关系吗？"

计程车司机一边利索地打开后车门，邀请丘吉尔上车，一边不以为然地说道："去他的丘吉尔，现在您比他的演讲可重要多了。"

从此以后，丘吉尔在演讲时经常会讲述这个故事，一方面消遣自己以娱乐听众，另一方面也是借此自嘲以提醒自己，千万不能自以为自己是一个有名的人，有点成就就自我感觉良好，就太过自我膨胀，否则很容易闹出这样的笑话。

丘吉尔能够名垂青史，赢得世界人民的尊敬，与他的自身努力有关，但是同他的谦虚和低调的为人也不无关系。

拥有优点就沾沾自喜、忘乎所以，这样优点反倒容易成为前进的障碍。其实并非优点出了问题，而是因优点产生的自大心态阻碍了成功。拥有能力且能时刻认识自己，处处保持谦虚的态度，自然容易赢得人心，以前如此，现在是这样，将来也不会改变。

别做情绪的奴隶

在社交活动中，人可能遇到各种各样的情况。面对不同的情况，人的情绪可能会有很大的波动，不善于控制情绪，就会使社交失败。

不能控制情绪的人，给人的印象是不成熟、还没长大。只有小孩子才会说哭就哭，说笑就笑，说生气就生气。这种行为发生在小孩身上，大人会说是天真烂漫，但发生在成年人身上，人们就不免对这个人的人格感到怀疑了。别人会认为你没有控制情绪的能力，这样的人一遇不顺就哭，一不高兴就生气，终归是成不了大器的。

其实，哭是心理压力的一种舒散，可是人们始终把哭和软弱扯在一起。

不过大部分的人都能忍住不哭，但却不能忍住不生气。然而生气有很多坏处：第一，在无意中伤害无辜的人，有谁愿意无缘无故挨你的骂呢？而被骂的人有时是会反弹的。第二，大家看你常常生气，为了怕无端挨骂，所以会和你保持距离，你和别人的关系在无形中就拉远了。第三，偶尔生一下气，别人会怕你，而常常生气别人就不在乎，反而会抱着"你看，又在生气了"的看猴戏的心理，这对你的形象是极为不利的。第四，生气会影响一个人的理性，对事情做出错误的判断和决定，而这也是别人对你最不放心的一点。第五，生气对身体不好，不过别人对这点是不关心的。

所以，在社会上闯荡，控制情绪是很重要的一件事。你不必"喜怒于色"，让人觉得你阴沉不可捉摸，但情绪的表现绝不可过度，尤其是哭和生气。如果你是个不易控制这两种情绪的人，不如在事情刚发生，导致你的情绪低落时，赶快离开现场，让情绪过了再回来，如果没有地方可暂时躲避，那就深呼吸，不要说话，这一招对克制生气特别有效。一般来说，年纪越大，越能控制情绪，那么你将在别人心目中呈现"沉稳、可信赖"的形象，虽然不一定能因此获得重用，或在事业上有立即的帮助，但总比不能控制情绪的人好。

还有一种人在必要的时候能够哭、笑和生气，而且表现得恰到好处，这种人控制情绪已到了相当高的境界，你如果有心，也是可以学到的。

下面是一些克服、处理并控制情绪的方法：

（1）学会完全主宰自己

控制自己的情绪，要经过一个思考过程。这个思考过程是很难的。因为，在我们生活中有许多力量试图破坏个人的特性，使我们从孩童时候一直到成人都相信自己有无法克服的情绪，无法克服这些情绪就只好接受它们。你必须相信自己能够在一生中的任何时刻，都按照自己选定的方法去认识事物，只有这样，你才能做到主宰自己。

（2）善于为自己的情绪寻得适当表现的机会

有的人在激动的时候，会去做一些需要体能的活动，这可使因紧张而动员的"能"获得一条出路；有的人在情绪不安的时候会去找要好的朋友谈谈，倾吐胸中的抑郁，把话说出来以后，心情也会平静许多；还有的人借观光游览来使自己离开那容易引起激动的环境，避免心理上的纷扰，等到旅游归来，心情不复紧张，同时事过境迁，原有的问题已显得微不足道，不再为之烦心了。

（3）进行独立思考

你的情绪来自你的思考，那就可以说，你是能够控制你的情绪的。这样看来，你认为是某些人或事给你带来悲伤、沮丧、愤怒、烦恼和忧虑，这种想法可能是不正确的。你完全可以改变自己的思想，选择自己的感情。一个健全和自由的人总是不断地学习，用不同的方式处理问题，这样才能使你学会主宰自己。

假如你是乐观的人，那么你就能够找到控制自己情绪的方法，而且每时每刻都能为值得去做的事而生活着。能够顺利地解决问题，就能为你的幸福增添光彩。当你无法解决某个特别的问题时，乐观的你仍充满信心，这时你已将自己的情感稳操在手。能够为自己的选择感到幸福时，你的情绪一定是稳定的、真实的。

能掌握自己情感的人是不会垮掉的，因为他们能够主宰自己、控制自己的情绪。他们懂得如何在失意中寻找快乐，懂得如何对待生活中出现的任何问题。在这里没有说"解决"问题，因为聪明人不以解决问题的能力来衡量自己是否聪明，而是不受情绪的影响，理智地对待问题。

不要只盯着别人的缺点不放

世界上有些人特别喜欢盯着别人的缺点，对他人的不足非常敏感，但对别人的优点却视而不见，甚至会夸大其词对别人评头论足。

社会上让人看不顺眼的事情很多，但在一个人的眼里看不顺眼的事太多，那就有点不大正常了。当他很随意地对周围的人和事评头论足、说三道四的时候，很可能在别人眼里，他才是最让人看不顺眼的。在街上看到一个涂着口红的女孩，他会马上对边上人说："这种人太俗气了，一点不懂高雅。"因为在他的眼里，这个世界的一切人和事都应该和他自己想象的一模一样。有这种倾向的人也可能是为了故意炫耀自己有思想、有个性。只要有人在场，他就会故意找出一些"不顺眼"来，大谈特谈。他会谈这个世道是如何不公平，领导是如何无能。如果实在没话好讲，他会说上一句："那个清洁工扫地动作是多么笨拙。"似乎如果让他来，这个世界会马上变个样。当然，有时候，他会为了投同伴的口味而故意"发表高见"。

有这种倾向的人更可能是出于嫉妒，人在不得志的时候难免发些牢骚，在嫉妒的时候难免说些难听的话，但一个人动不动就嫉妒，动不动就觉得不得志，那就有些不正常了。当看到邻居王总换了套大房子，他就会十分肯定地说："起码有一半钱是贪污的。"当看到科室里的小伙子被提升了，他又会逢人便说："不知要送多少礼。"

一个人如果看不顺眼的东西太多，那他肯定也没有好的人缘。面对一个经常说人风凉话的人，你自然会担心，说不定哪一天他也会在背后说你的风凉话。这样，谁还敢和他深交？"看不顺眼"的人总会把自己拖入一个孤独的境地，同时他也会被别人看作一个性格怪异的人，一个缺少人情味的人。

要试图改变这种心理，首先要试着让自己多看别人的优点，多替别人着想，多去理解别人。也可以试着换位思考一下，有时候要替别人想想难处。其次，心里要明白一个道理：你看人家不顺眼，别人也会看你不顺眼。你多看别人的优点，人家也会多看你的优点。这可谓人际交往中的"等价交换"原则。

现在社会交际越来越宽泛，需要人与人之间建立友好的关系，只有这样才能够使自己立于不败之地，创造成功人生。要做到这一点，就必须掌握一定的社交技巧，总结以下几点供大家学习和参考：

（1）尽可能面带笑容

交际时，笑容就可以打消对方的戒备，使双方之间的距离缩短，产生一种亲切友好的气氛。

笑容也可以帮助你产生信心。当你面对客人的时候，每当笑容出现在自己脸上，你就会对自己的交际产生自信，你会下意识地说，我能行，我会应付得很好。

（2）尽可能在与对方接触的初期以名字称呼对方，产生亲切感

在交际中，最大的失误就是忘记对方的名字，这常常造成很尴尬的局面。如果你要在交际上获得成功，最重要的就是一定要牢记对方的名字，在下次见面的时候要能叫得出来，这样就会一下子在对方的心里留下对你的好感。

（3）和对方交谈时，应有约60%的时间看着对方来表示诚意

人和人的交流，不光是语言的交流，在说话的时候，人都会流露出丰富的感情，这些感情如果不能交流，那么谈话就会变得枯燥乏味，就会使对方产生厌倦。

和人交谈时，一定要看着对方，一方面显得你很真诚，很渴望听人说话；另一方面，显示你很尊重对方，表明你有礼貌。

谈话时看着对方，你会发现对方的真实心理，你会进入对方的情感世界，获得更多的交际信息。

（4）设法给对方一些东西，即使是一张名片或一张纸条之微，也会有助沟通及显示诚意

交际就是为了促进友谊，有时候，友谊要深入发展就要有实际的表示，送一张名片或者写一张便条，都会表示你对友谊的重视，会使对方对你产生好的印象。

（5）如有可能，应设法与对方做某种简单的身体接触

如今握手成了交际中最常见的一种礼节，身体方面的接触是友谊深入发展的标志。

（6）交谈时要表示亲切，可把身体向前靠，两手张开，两腿不要交叉坐

和人交谈时，两腿交叉是在用身体语言表示不合作，这些都是心理学研究的结果。所以，你在社交场合与人交谈就要注意这些细节，避免让人产生误解。

（7）以手势等身体语言强调嘴里说的话

说话时，人的全身都在传递信息，最突出的就是人的手势，手势能使话语里的多余信息得到充分的表现，并且能增强说话的力度和强度。

（8）与对方并排坐能增加亲切感，否则坐在与他成90°的位置也胜于对面而坐

说话时与人对面相坐，容易使人产生对着干的错觉，同时对面坐使人感到不自在，因为使人觉得全部在你的审视下，有一种被你全部掌握的感觉，不利于人际交流。并排或者斜对着坐，就不会产生这种感觉，人就会显得很自然，就会使谈话顺利而热烈地进行下去。

（9）对方说话时应不时通过点头示意，或说"是"，或发出"唔"之类的声音，来表示同意他的论点

交谈时，人家在讲话时，你要配合讲话的内容，不时地做出反应，这样对方就会觉得你在认真地听。所以，虽然你只是发出"嗯""啊"的声音，但是能表明你们在进行着交流。

（10）向对方简要复述他已表达的观点

说话中，不断地复述对方刚讲过的话，一方面表示你刚才是认真听取

了对方的话，另一方面表明你对对方的尊重，使对方觉得他的话有一定的意义和价值。这样对方就会对你产生遇到知音的感觉，你就能获得对方的友谊。

（11）如果同意对方的言论应公然表示，并说明为何同意

对方在说话时，有些观点与你产生了共鸣，你就应该立刻表示赞同，并且说明自己的理解，这样你就会在对方心里留下深刻的印象，使对方对你产生好感。

（12）设法根据对方的观点发挥

最能使对方喜欢你的方法是对对方话语的深入理解和发挥，如果你能把对方的话语发挥到一个高度，让对方产生自己是很了不起的人物的感觉，那他一定会对你喜欢得不得了。

（13）不要在交谈前先对对方有成见

人在交际过程中才能发展友谊，如果你对人事先就有了成见，就会使你在和人交谈时不能正确理解对方的话语，即使对方的谈话是真诚的，你也不会接受对方的友谊，这就使谈话失去了应有的意义。

（14）如果你不懂一件事，千万不要装懂；如果说错了，应当立即承认

交际场合会涉及很多事情，有些事情是我们所掌握的知识范围之外的，这时候就应该虚心请教别人，千万不能不懂装懂。因为这时候不懂装懂就会产生笑话，就会使你的社交形象受到严重的损害。说错话是常有的事，及时地纠正会使人对你产生敬意，如果错了还要强辩，只能让人对你产生反感。

社交的方法很多，但是最根本的一点是懂得尊重对方，让对方认为自己是个重要的人物，满足他的成就感。不要只盯着别人的缺点不放，要知道，你怎样对待别人，别人就会怎样对待你。

懂得自我约束，适时反省自己

一个人应该经常地反省自我，懂得自我约束，这样才能在为人处世的过程中少犯错误，收放自如。

南北朝时期陈朝的最后一个皇帝——陈后主，他即位之初政治比较清明，国家富强安定，可是这种情况持续的时间并不长。陈后主骄傲自满，以为陈朝已经固若金汤，无须居安思危，所以终日花前月下，纵情酒色，很快便由起初的一代明君变成了昏庸之君。

唐代大诗人杜牧有感于陈朝灭亡而写下一首七言绝句："烟笼寒水月笼沙，夜泊秦淮近酒家。商女不知亡国恨，隔江犹唱后庭花。"说的就是陈后主不理朝政，骄奢淫逸之举。

陈后主即位后不久，被弟弟叔陵砍伤后，终日在后宫养病，只留当时他最宠幸的张贵妃陪伴于身旁，将其他妃嫔包括皇后都摒斥在外。皇后沈婺华出身显贵，父亲为陈朝重臣，母亲是陈朝开国皇帝陈霸先之女会稽穆公主，她聪明贤淑，精通诗书礼仪，但因羸弱多疾，后主对她还不及一般嫔妃，这样一来备受宠幸的张贵妃宠冠后宫。

陈后主修建了许多富丽堂皇的宫殿，分别同张贵妃、孔贵嫔等比较受宠的妃嫔居住。每日饮食起居均由这些人服侍，并且每次饮宴，都命诸妃嫔和女官等吟诗作乐，选出较好的谱成歌曲，命上千名宫女习而歌之，轻歌艳舞终日弥漫整个后宫。

陈后主越来越怠于政事，文武百官凡有奏章，都必通过宦官蔡脱儿、李善度等人才能达于皇帝跟前。每次批改奏章，后主都与张贵妃共同定夺，张贵妃正好借此机会干预政事，朝中的大小事情没有她不了解的，后主见朝野上下的言论，足不出宫的张贵妃都了如指掌，更加对她宠幸。

可是后主并没有看到政治形势的可危之处：朝中宦官佞臣，内外勾结，王公显贵，纵横不法，花钱买官者屡见不鲜。更有甚者，后宫犯法的，只要请张贵妃说情，后主往往都会既往不咎。荒于酒色的陈后主仍然没有意识到"一时的兴旺并不代表一世的兴旺"，还继续过着骄奢淫逸的糜烂生活。

终于，朝中正直的官吏忍耐不住，上奏后主，阐明了朝中的混乱局势，并且弹劾飞扬跋扈、专制朝政的施文庆、沈客卿等人，可昏庸的后主已听不进任何忠言，先后将大臣毛喜贬谪出朝，右卫将军兼中书通事舍人傅绰赐死狱中。章华上书后主说："陛下即位，于今五年，不思先帝之艰难，不知天命之可畏，溺于嬖宠，惑于酒色。祠七庙而不出，拜妃嫔而临轩。老臣宿将弃之草莽，谄佞馋邪升之朝廷。今疆场日蹙，隋军压境，陛下如不改弦易张，臣见麋鹿复游于姑苏矣！"后主收到这样的奏章自然暴怒，立即将其斩首，朝中官员见后主如此暴虐，都明哲保身，三缄其口。

"盛极必衰，物极必反"，懂得这一道理的人都应该收起"蛟龙腾跃嫉水窄，大鹏展翅恨天低"的自负情绪。一个人只有经常反躬自省，才可能会功成名就。

随手乱扔垃圾、随地吐痰、随意踩踏草坪、在风景名胜地乱写乱画等等，这些都是不文明的人缺少对自我的约束。平日里，他们可能都是家庭中的好孩子、好丈夫、好妻子，学校里的好学生，单位里的好员工，但在公共场合，在没有亲人、领导、熟人监督的时候，他们就把持不住自己了，不再注意检点自己的言行，任本性中低俗恶劣的一面泛滥。这说明他们的道德修养还欠着很大的火候，他们的自我约束能力是很脆弱的。

人要时时反省自己的言行举止，看看自己今天说错话没有、做错事没有，如果言行有不对的，就要明白自己错在哪里，及时更正，这才是做人的道理。

正确评价和肯定自己

在这个世界上，有些人不喜欢自己，他们无法接受自己。不接受自己的人，常常心情郁闷，对生活中的一切都没兴趣；他认为自己思想怪诞，怀疑自己患有某种精神病；他还抱怨周围的亲友、同事、邻居不能理解他；等等。

实际上，他没有任何问题，只是不懂得正确评价和肯定自己，从而影响到他对别人的接受，并进而产生其他方面适应的困难。由于他不曾意识到这点，无病自扰之，经常表现出自暴自弃的倾向。

可见，对所有人来说，正确评价自己、肯定自己至关重要。它关系到建立正确的自我观念，适应环境，促使性格健康发展。接受自己，去除自卑感，是精神健康的重要保证。

如何才能更好地肯定和接受自我呢？

首先，要克服完美主义。任何一个人都不可能做到十全十美，因为这世界并不完美。要容忍体谅，不但要与他人和睦相处，也要做到对自己的行为不致苛求。

"受欢迎"的本意是使他人赏识你的本人，而不是你的最好表现。尝试一下"畅所欲言",坦诚和直率能消除许多障碍与心理压力。要对自己有信心,你和任何人一样有可取之处。勿过分自责,任何人都有彷徨的时刻;不必为"爱"与"恨"过分担心。勿自卑自怜,你的遭遇并不重要,你对遭遇的反应才是重要的。

其二,要做到真正了解自己。自知者明,自胜者勇。可以通过与同龄、同样条件的人相比较,看别人对自己的态度,剖析自己、了解自己的工作成果等来认识了解自己。

其三,要树立符合自身情况的奋斗目标。这样会使你有机会充分发挥才智,从而增加自信心。

其四,要不断增加自己的生活经验。每个人都要经历适应环境的过程。在这一过程中你也许发挥了才干,也许暴露了缺陷,这没关系,因为正反两方面的经验都将促进你对自己的了解。

最重要的是要诚实坦率、平心静气地分析自己。要有勇气承认自己在能力或品质上的缺陷,肯定自己的长处,扬长避短。

道歉不可怕,原谅得人心

"人非圣贤,孰能无过"。朋友之间免不了发生一些不愉快的事情,比如感情冲动,话说过头,事做过火,遇到这种情况,丝毫不要遮遮掩掩,而是要勇敢地向朋友道歉。衷心的道歉不但可以弥补破裂的关系,而且还可以增进彼此的感情。

有些人认为,朋友之间用不着客套,即使有所冒犯也无须道歉,实则不然。生活中因为一件小事、一次口角就使老友翻脸、夫妻反目的事不是常有吗?因为不肯道歉和认错,或者找各种借口来掩饰自己的过错只能加深矛盾,使朋友生气。

道歉,并非耻辱,而是真挚和诚恳的表现;道歉,可以避免一场纠纷的爆发。真正的道歉不仅仅是承认一个错误,它还表明你意识到自己的言谈举止有损你与他人之间的关系,而且对补偿和重建这种关系有着相当的期待。

承认错误这绝不是一件轻而易举的事情。但是,一旦你迫使自己勇敢地这样去做，克制自己的骄傲心理，它将会成为一种奇妙的医治创伤的愈合剂。

每个人都需要学会道歉的艺术。回想一下，有多少次你严厉刺耳的评判和尖刻的话语使你以失去朋友为代价而受到了惩罚？又有几次你曾坦白、诚恳地表明了你的歉意？因为每当我们犯下一个哪怕是很小的过错，理智上都会感觉得到，直到这个过错得到承认并且表达了歉意为止。

丘吉尔对杜鲁门的第一印象十分不好，后来他告诉杜鲁门自己曾一度严重地低估了他——这是一句用高明的恭维话表示的一种歉意。诚挚的道歉不仅能够和解被损坏的关系，而且还可以使这种关系变得更为牢固。

李先生是一所著名大学老师。有一次，他所在系的领导对他的工作提出了许多批评，原来这是同他熟识的一位教授说了一些诽谤他的话，这些话传到领导的耳朵里，使他不得不吞吃了这颗苦涩的黄连。后来的某一天，李先生接到了一封这位教授写来的信。当时他已经调离了那所大学。教授在信中说，自己曾经错误地评价了他，希望他能接受他的歉意。于是一瞬间他的所有敌对情绪都冰消雪融。教授使他深受感动，接着他立刻写了一封回信，如实地把他的感受告诉了教授。从此以后，他们成了好朋友。

道歉并不可怕，原谅才能更容易得人心。得人心者得天下，聪明人懂得在犯了错误或者别人对不起自己的时候，向别人真心地道歉和原谅别人的错误。

第四章

善于察言观色，
掌握说话艺术

懂得看别人的眼色和脸色，才能深刻领会别人的意图，才能更好地与之沟通交流。在交往过程中，说话也是一门艺术，同样的道理用不同的话语表达，就会有截然不同的效果。所以，要想赢得人心，受别人的欢迎，就一定要学会说话，跟什么样的人在什么样的场合该说什么，不该说什么，都能做到了然于胸。

话要想好再说，切不可口无遮拦

俗话说"祸从口出"。这是在告诉人们在说话的时候一定要想好了再说，千万不要信口开河，不假思索，否则会引起别人的不满。特别是对于年轻人来说更要注意，切不可口无遮拦，因为说出去的话如泼出去的水，无法收回，既然说了，就要为自己说过的话负责。

任何人都无法预测一句话会造成什么样的影响，说不定哪句不该说的话被你说出口后，会为你惹来不必要的麻烦。所以，在说话之前必须要经过大脑深思熟虑。

生活中，免不了有这样一些人：心里藏不住话，听到什么、看到什么后，不管事情真相如何，就像大喇叭一样四处传播，这种行为正是愚蠢的表现。所谓"病从口入，祸从口出"，说的就是多嘴多舌导致的后果。

有人认为："人长了一张嘴，如果不说不就资源浪费了吗？"当然，人长了嘴巴不用确实可惜，但是说也要讲究个分寸，大凡处事精明的人在说话时总会留一手，做到该说的说，不该说的宁可烂在肚子里也不说。

说话一定得看场合、看时机，权衡一句话说出后的利弊。如果说话不看场合，不讲究方式方法，也不考虑结果，往往会惹出祸端，遭人嫌。尤其是处事尚浅的青年人，社会阅历少，经验不足，大有一种初生牛犊不怕虎的架势，不管场合，不论时机是否成熟，口无遮拦，滔滔不绝，这明显是不会做人的表现，长此下去，必定会吃亏上当。

日常生活中，因说话惹出风波的事情实在太多了。不负责任背后瞎说、捕风捉影四处乱传、闲言碎语添枝加叶等，都给许多人造成了痛苦和烦恼，有些还可能造成人间悲剧。

有位文学家在作品中曾这样写道："害人的舌头比魔鬼还要厉害，上帝意识到了这一点，用他那仁慈的心，特地在舌头外面筑起一排牙齿，两片嘴唇，目的就是要让人们讲话通过大脑，深思熟虑后再说，避免出口伤人。"

言由心生，说什么样的话，怎样说完全要靠大脑支配，所以在管好自己的嘴之前，首先要用好大脑。在每句话出口前，必须先经过大脑筛选，造谣中伤、搬弄是非等言辞一定不能让它溜出口。

避免与人争论，没必要逞口舌之快

年轻人都喜欢争强好胜，这其实是不成熟的表现，年轻气盛是好事，但不要把盛气用在没有意义的地方。在为人处世的过程中要尽量避免与别人争论，没必要去逞一时的口舌之快。

即使在与人争论时，会办事的人不会去蹚浑水，因为他们知道逞口舌之快招人烦，没有人愿意与酷爱争论的人一起共事。即使是在针锋相对的争论中，获得了他人信服，也不代表你就是胜利者，而恰恰象征你人格上的失败。

口头上占尽上风是为人失败的表现，也是做人的悲哀。经常会有这样一种人：头脑灵活、善于争辩、口才出众。工作、生活中只要是他人的利益或意见与自己的发生冲突，他们就要发挥自身特长，把对方卷入争辩中，不把对方辩得脸红脖子粗、哑口无言绝不善罢甘休。久而久之他们也就形成了一种习惯：无论在什么情况下，不管在什么场合，也不论自己有理无理，一旦用到嘴巴，他绝不会吃亏。因为由于长期的磨炼，他早已练就了一身抓别人语言漏洞的"好"本事，一旦进入了"战场"，他便使出全身绝技，让你无力招架。

如果将这样的本事运用到辩论会、谈判桌上，这种人或许是个人才，但是在日常生活中，这种人往往会遭到他人冷落。因为他们没有意识到，实际生活并不是辩论赛场，也不是谈判桌，与你打交道的，并非是想与你在口才上一较高下的辩论者，也不是与你争夺利益的人，他们只不过是你工作或生活中的一些朋友。即使你争辩过他们，向他们证实了你观点的正确性，又有什么实际意义呢？只不过会落得个善辩的"光荣称号"罢了，后果却是大家对你敬而远之。

遇到善于与人争辩的人，一般情况下，人们虽然一般不会在言语上与之交锋，但对事情的真相却心知肚明，同情那个"辩"输的人。虽然他的观点、意见占了上风，但并不一定会得大家的支持。如果这时还得理不饶人，一定要把对方"赶尽杀绝"，让人在众人面前颜面扫地，这么做如同在自己身上绑了一枚炸弹，不定什么时候就会引燃导火索，炸得自己粉身碎骨。

拥有一副好口才是一件令人高兴的事情，但运用得不恰当，好口才将成为你惹祸的根源。因此，这里为人们提供几条建议，以便将口才运用得恰到好处：

第一，把口才当作说理的工具。与人交往时，很可能会遇到一些无理取闹的人，当他们对你进行语言攻击时，这时好口才就派上了用场，你可以用它来"自卫"。

第二，将口才与内涵相结合，即使出于无奈要与人争辩，也要表现出风度，否则别人只会把你当作笑料，认为你是个没有大脑的白痴。

第三，与人争辩强调自己观点时，要注意适可而止，切莫让对方"无地自容"，要给别人留足面子。

第四，别人欺辱你时，虽然理在你这方，也没必要得理不饶人，把对方骂得分文不值。

光有好口才还不管用，有个好脑子才是根本。如果空有好口才而不知用大脑支配口才和懂得说话讲分寸，好口才也会成为毁灭你前程的祸根。所以，在与人相处时，尽量避免与别人争论，不要逞一时的口舌之快，凡事要给他人留面子。

说话要掌握分寸，分场合和对象

年轻人在社会交往中，会在不同的场合遇到各种各样的人，这时候就要懂得说话的分寸，在不同的场合，跟不同的对象打交道时，要知道该说什么，不该说什么，这对于提升个人形象，有着至关重要的作用。

有这样一个故事：从前，有一个爱说大实话的人，什么事情他都照实说。所以，他不管到哪儿，总是被人赶走。这样，他变得一贫如洗，无处栖身。

最后，他来到一座修道院，指望着能被收容。修道院长见过他问明原因以后，认为应该尊重"热爱真理，喜欢说实话的人"。于是，让他在修道院里安顿下来。

修道院里有几头已经不中用的牲口，修道院长想把它们卖掉，可是他不敢随便派手下的什么人到集市去，怕他们把卖牲口的钱私藏腰包。于是，他就叫这个人把两头驴和一头骡子牵到集市上去卖。这人在买主面前只讲实话说："尾巴断了的这头驴很懒，喜欢躺在稀泥里。有一次，长工们想把它从泥里拽起来，一用劲，拽断了尾巴。这头秃驴特别倔，一步路也不想走，他们就抽它，因为抽得太多，毛都秃了。这头骡子呢，是又老又瘸。如果干得了活儿，修道院长怎么会把它们卖掉呢？"结果买主们听了这些话就走了。这个人的大实话在集市马上传开了，所以就再没有人前来问他这些牲口的价钱了。

于是，这人只好又把它们赶回了修道院。听完这人讲述卖牲口的过程后，修道院长发着火对他说："那些把你赶走的人是对的，我也不应该留你这样的人。"就这样，这人又从修道院里被赶走了。

还有很多现实中的人物事例，比如，舞蹈家邓肯是19世纪最富传奇色彩的女性，热情浪漫外加叛逆的个性，使她成为反对传统婚姻和传统舞蹈的前卫人物。她小时候更是纯真，常坦率得令人发窘。

圣诞节，学校举行庆祝大会，老师一边分糖果、蛋糕，一边说着："看啊，小朋友们，圣诞老人替你们带来什么礼物？"

邓肯马上站起来，严肃地说：

"世界上根本没有圣诞老人。"

老师虽然很生气，但还是压住心中的怒火，改口说："相信圣诞老人的乖女孩才能得到糖果。"

"我才不稀罕糖果。"邓肯回答。

老师勃然大怒，处罚邓肯坐到前面的地板上。

无论身处在什么样的位置，也无论是在哪种情况下，任何人都喜欢听好话，喜欢受到别人的赞扬。的确，工作很辛苦，能力虽然有大有小，但毕竟为工作尽了自己的一份力量，当然希望自己的努力能够得到他人和社会的承认，这也是人之常情。会办事的人，此时必然避其锋芒，即使觉得他干得不好，也不会直言相对。生性油滑、善于见风使舵的人，则会阿谀奉承，拍马屁。那些耿直的人，此时也许要实话实说，这就让人觉得你太过鲁莽。

换一个角度我们便会看到，个体行为的一个基本规律是趋利避害。可以设想，如果某甲对别人的优点总是直言不讳，人们因此认定他是一个值得信赖的好人，所以乐于与他深交，并在人前人后夸赞他，某甲也因此感到快乐和自豪。也就是说，某甲的直言为他赢得了报偿，带来了好处，那么他又何乐而不为呢？如果情况与此大相径庭，对别人的缺点也直言不讳，结果就不会是人人称赞了。

比如某甲认为同事小敏的衣服难看，便马上对她说："腿短而粗的人不适合穿这种裙子。"结果，小敏脸一沉，扭头便走，留下某甲发愣。或者某甲当着处长的面指点小张说：

"你的稿子里错别字很多，以后要仔细些。"

实话固然是实说了，但不久后却隐约有人传言，某甲惯于在上级面前打击别人，抬高自己。倘若如此，某甲恐怕会意识到自己的真诚并不那么受人欢迎，既然这样，又何苦呢？所以，实话实说要因情况而定。

年轻人容易头脑发热，喜欢由着自己的性子来，殊不知在这样的任性中丢掉了很多机会和朋友。所以，在与人交往过程中，说话一定要掌握好分寸，说话前要分清场合和对象，这样就会避免出现不必要的麻烦。

学会分辨场面话，也要会说场面话

会说场面话并不是为人狡诈的象征，而是疏通人际关系的一种手段。场面话说得到位不到位，直接影响着一个人的人脉网的广与狭。但是，听场面话时，必须要动动脑子，认真辨别真伪后再确定信还是不信，否则吃亏上当的还是你自己。

一个年轻人在一个单位埋头苦干了许多年，一直都没有升迁的机会，为此他很苦恼。有一天，他的一个朋友告诉他，另一个单位的营销部有一个空缺，这个年轻人便通过朋友牵线搭桥，拜访了那家单位人事部的一位主管，希望能走走他的"后门"，把自己调到那个单位去。

当时，那位主管热情地招待了他和他的朋友，对年轻人的请求拍着胸脯说："绝对没有问题，你就回去等待佳音吧！"年轻人得到了该主管的承诺后，兴高采烈地回家等消息。可谁知转眼两个月过去了，办调动的事一点消息也没有，这个年轻人给朋友打电话，想知道到底出了什么情况，朋友却告诉他，那个位子已经被人抢先占了。他气得顿时火冒三丈问朋友："既然答应我了，而且还拍胸脯说没有问题，为什么现在会出现这种状况？"朋友对他的质问也不知如何回答是好。

其实，那位主管拍着胸脯承诺的话，不过只是场面话而已，可这个年轻人却没有认真辨别他的场面话的可信度，就信以为真了，所以才吃了个哑巴亏。

说场面话是现实社会不可避免的，是待人处事中不可缺少的生存智慧。

场面话可分为两种：

（1）实话

现实生活中，你肯定接受过他人的赞赏，如夸赞你长得多么漂亮、可爱，赞扬你如何会打扮，穿着有多么的时尚合体，等等，这些都可以说成是场面话，当然也是实情。

有些场面话属于那种应酬话，不可轻易相信，因为它与事实有相当大的差距，虽然说得有些不太切合实际，但只要差得不太远，听的人还是会感到高兴，尤其是在人多的地方说场面话，更能收拢人心。

（2）承诺别人的场面话

与人交际中，我们经常会听到这类的场面话，如："你的事情包在我身上""我全力帮忙""有什么问题尽管来找我"。像这一类型的场面话，有时不说真的行不通，如果你碰上的是那种难缠的人，为了让你帮忙，他死缠着你不肯离开，那将是一件令人头疼的事，这时，只能用场面话先打发掉他所托你办的事情，能办到的尽力办，不能办到的日后再说。

总而言之，在待人处事中，场面话该说还要说。有时候，不说场面话真的很难脱身，而且还会影响你的人际关系，由此可见场面话的重要作用。既然场面话不可缺少，那么怎样才能说好场面话呢？

"说话"在人类社会交流中，被当作是一个工具使用，人类无时无刻不在应用它。因此，你所说的每一字一句，都可能影响你的成功。善于说话，小则可以欢乐，大则可以兴国。

话虽然每个人都会说，但话说得好的人却屈指可数，有人认为写文章难，而说话比写文章更难，文章写得不好还可以修改，可话说得不好，却会酿成大祸，毕竟"说出去的话，泼出去的水"，无法修改也无法收回。

有这样一个让人啼笑皆非的故事，一位工会主席要召集委员开大会。开会的时间早已过了，可到会场的只有三个人。

他叹气说道："唉，怎么会这样，这是一种什么样的工作态度啊！该来的都不来！"到场的一个委员听了这话后，感到很不舒服，心想：该来的都不来，难道我是那个不该来的人？随后也悄悄地离开了。

工会主席见状，又叹道："唉，该来的人还没来，不该走的又走了！"其余的两个委员听了这句话后，心中十分不悦，误认为他俩才是该走的人，于是一气之下全走了。

可见，说话不当的后果，会议不但没有开成，还得罪了人。哪怕工会主席对在座的说几句场面话，也不会造成这样的结果。

与智能型的人说话，需要有广博的知识；与学识渊博的人说话，辨析能力一定要强；与善辩的人说话，就没有必要啰唆；与上司说话，就要把话说到他心坎里去；与下属说话，必须让他们感觉到你的慷慨。别人不愿意做的事情，不要勉强；而别人喜欢做的，应给予大力的支持；别人喜欢听的话，要多说；别人不喜欢的，要少说，甚至不说。做到这些就算是管好了自己的嘴。

汉高祖刘邦灭楚、平定天下之后，开始对他的臣子论功行赏，这时就出现了彼此争功的现象。

刘邦认为论功劳萧何最大，封他为侯最合适不过，给他大量的土地也实属应该，可是其他人却不服，私下里议论纷纷。大家都说："平阳侯曹参身受12次伤，而且攻城略地最多，论功劳他应该最大，应当排第一，要封地他也应该占最多。"

刘邦心里知道，因为封赏问题，委屈了一些功臣，对萧何是偏爱了一点，可是，在他心目中，萧何确实应该排在首位，可身为皇帝又无法对这一想法明言。

正当为难之际，关内侯鄂君似乎揣摩出了刘邦的心思，他不顾众大臣反对，上前厚脸说了一些言不由衷的场面话："群臣的意见都不正确，曹参虽功劳很大，攻城略地很多，但那只不过是一时的功劳。皇上与楚霸王对抗五年，丢掉部队、四处逃避的事情时有发生。是萧何常常从关中调派兵员及时填补战线上的漏洞，才保汉王不受太大的损失。楚、汉在荥阳僵持了好多年，粮草缺乏时，是萧何转运粮食补充关中所需，才不至于断了粮饷啊！再说皇上曾经多次逃奔山东，每次都是因为萧何才使皇上万无一失，如果论功劳，萧何的功劳才称得上是万世之功。现如今，汉王即使少100个曹参，对大汉王朝又有什么影响呢？难道我们汉朝会因此而灭亡吗？为什么你们认为一时之功高过万世之功呢？所以，我主张萧何排在第一位，而曹参其次。"

刘邦听了关内侯鄂君的话，自然是非常高兴，因为关内侯鄂君的场面话，说到刘邦心坎里去了。刘邦连忙说："好，就这么定了。"

关内侯鄂君因揣摩出刘邦一直想封萧何为侯的心思，然后顺水推舟、投其所好，挑刘邦爱听的话说，刘邦自然非常高兴，刘邦的心愿落实了，鄂君也因此被刘邦封为"安平侯"，封地超出原来的一倍。由此可见场面话的重要作用。假如关内侯鄂君没有趁机将场面话说出去，刘邦也不会给他封侯，扩大封地面积。所以说，场面话该说时还要说，但必须掌握好度，不能太不切合实际。

有人认为："说场面话是一件可耻的行为，那是对说出去的话不负责。"话虽有些道理，但是身处现代社会，不说场面话又寸步难行。所以，场面话还是要说，只是在说之前要考虑清楚，管好自己的嘴，尽量说一些稍微贴切实际的场面话。

话语亲和容易赢得别人的好感

人类普遍渴望自己拥有"亲和力"，这是渴望与他人亲近、和谐相处的一种心理状态，也可以说是与人相处的基本的要求之一。所以，人们竭尽全力让自己充满亲和力。

说话要体现出亲和力，既是使情感归依的起因，同时也是激发人际交往的动力，它对平衡人类心理、克服势单力薄起着非常好的调节作用。

当人们感到喜悦或是悲伤的时候，往往会急于找人倾吐，因为这样可以得到理解与宽慰，也可以使人在情感方面有所寄托。所以，亲和力的这种表现就是"归属动机"。

总的来说，人类语言的亲和力是多种的，并不是单一化的一种表现，也是非常的复杂。

孔子在周易《十翼》中这样写道："物以类聚，人以群分。"古语也有句话："同声相应，同气相求。"说的其实都是一样的道理：类似的人彼此之间比较容易相处与亲近。

因此，在提高语言亲和力的时候，可以尝试用一些方式与他人配合，让他人感觉到我们是可以亲近与信赖的。

年轻人可以从以下几方面入手：

（1）配合别人的感受方式

每个人都用各种各样不同的方式来感受这个世界，如视觉、听觉、触觉、味觉、嗅觉。前三种用得比较广，因此，一般说人有三种主要的感受方式。不同的人，倾向使用的感官也是不相同的。所以，人可以分成三种：视觉型、听觉型与触觉型。

一般情况下，视觉型的人比较喜欢快节奏，说话很快，思考也很快，喜欢阅读图表，而且行动力强；听觉型的人喜欢比较有秩序的生活，说话较慢但很有条理，喜欢交谈与聆听，行动力稍次；而触觉型的人很重视感觉、爱好舒适，说话有时是不看对方的，速度也比较慢。知道了这些之后，那么我们在与别人交谈的时候，就可以观察一下对方是什么型主导的，随后针对他的特性说出对方感兴趣的话，以此来增加彼此间的情分。

比如，对那种说话速度极快的人，要强调行动与成果；对那些说话时要分成一、二、三个要点的人，要强调逻辑与条理；而对于那种慢吞吞的人，多谈谈某种产品会带来什么样的感受。如果你没有分辨出对方是什么类型的人，就张口说话，说好了对方可能会继续与你交谈下去，说不好对方可能会转身离去，一般情况下，第二种情况发生得比较多。所以说，在与人交谈时，一定要注意用用脑子，看看对方是什么类型的人，然后再张口说话。

（2）配合别人的兴趣与经历

人际关系大师戴尔·卡耐基的著作《人性的弱点》的被称为仅次于《圣经》的世界超级畅销书。

他在书中就写道："我们要对他人真诚地感兴趣，聆听对方的谈话，就对方的兴趣来谈论以及鼓励他人谈论他自己。"

有一些朋友在销售活动当中，经常说自己与准客户无话可说，或是没有切入点。这正是因为在这方面缺乏功夫。

这时，我们需要对他人真诚地感兴趣，当我们对他人真诚地感兴趣的时候，自然而然就会去关注他的一举一动。那么他的每一个细节都有可能是我们与他交谈的切入点。

（3）使用"我也"的句子

如果对方的经历或见解中有跟你类似的部分，你可以多使用一些具有神奇力量的短语，它就是"我也……"

例如："啊，您去过泰山啊，我也去过呢！是去年4月的事了。您是几时去的呢？""哦，你也认同爱就是要给对方自由，我也这么想的。""你同意产品的质量是最重要的对吧？我也这么想，因此您可以比较一下我们的产品与其他同类产品的质量。"

有了这几条，你的语言亲和力就很快建立起来了。语言亲和力是如何产生的？心理学家斯坦利·沙赫特对此曾做过一个这样的实验：他当时将五位自愿做实验的人隔离在不同的五间屋子里，给这些人提供相同的住宿条件，然后让他们与外界隔绝。在他们五人当中，其中时间最短的只坚持了20分钟，最长的时间达8天8夜。不过在他们当中都有孤独、难受、心理紧张这些心理现象出现。

斯坦利·沙赫特在这项实验中得出了这样的结论：亲和力是人与生俱来的一种本能，它源于人的本能。而且他还发现人类都比较喜好合群、组织家庭，也喜欢建立各种社会组织，这一点完全可以证明出来。有些人为什么会有一种恐惧感？就是因为他们太孤独了；那些不正常的人或在精神上出现问题的人，都是因为他们离群了，这样就会在本来害怕的心理上长时间如此，使他们产生状态变异的心理。人类之间相互亲近，也是为了共同生存下去，这也是一个人的本能。从这里也可以看出亲和力的产生条件来自对生存的需要。

语言亲和力有利于个体的身心健康，减少心理障碍产生的概率。人们社交的范围越广，精神生活就会越丰富，语言亲和力也就越强，心理发展就越平衡；语言亲和力也是培养良好的个性、获取知识、获得事业发展必不可少的重要条件；语言亲和力也是建立友谊、发展友谊的坚强动力。只要你的亲和力动机纯正，就会赢得许多朋友，就会在人生的道路上一帆风顺。

一位真正成功的人士，必定有一张能说会道的嘴，从他们口中说出的话也肯定能够提高他们个人的亲和力，具备了亲和力便有了好人缘，办起事来才得心应手。所以，说出具有亲和力的话对于一个人的成功有着重要作用，但如果一句原本好听的话，出自你口就变了味道，那么就要检讨一下，你是否已经管好了自己的嘴。

善听弦外之音，领会言外之意

与人交往，要善于听他的弦外之音，领会别人传达的言外之意，这是最奥妙的人际关系操纵术。会说话的人大都擅长话里有话，一语双关，精明之人无须多言直语，就会让你心里明明白白。无论说话之人是不是故意暗藏玄机，听话者必须搞清楚别人的真实意图，方能恰当应对。

脑子不清，耳朵不灵，一定会多遇难堪。话里藏话、旁敲侧击是聪明人的"游戏"，笨人玩不了。脑子不灵光，煞风景自不必说，落下笑柄更是常有的事。话里藏话、旁敲侧击其实是一种迂回，可它既重视策略，更重视隐含之术，较之迂回更为主动，更为巧妙，是"妙接飞镖又暗中回掷"的高超人际交往手段，是聪明者才能驾驭的玄妙功夫。

社会是个复杂的大家庭。我们有意无意地遇到一些不平之事，不公之人时，又不能不表达我们的一些不满；对自己亲近的人，有时候也需要巧加指责，让对方明白。

但怎样表达这种不满却有一定的学问，特别是对于一些非原则性的问题，一定要做到既能表达出对对方的不满，又不至于破坏和谐的人际关系，的确是不太容易的。

（1）要侧面点拨

所谓的侧面点拨，就是指从侧面委婉地点拨对方，不直言告诉他，而让他能够更明白别人的不满，从而打消他失当的想法。这个技巧往往会借助一些问句的方式而表达出来。

张杰与刘强是一对不错的朋友，他们之间也都视对方为知己。有一次，单位中的一个青年赵磊对张杰说："张杰，我总认为刘强这小子的为人有点太认真了，可以说是已经到了顽固的程度，你说是不是呀？"张杰听到赵磊的话后，顿然产生了一种反感，当时张杰心里想：你还说别人，你这小子在背地里贬损我的好朋友，你觉得自己缺德不缺德呀？可是他也不好发作，就假装一本正经地反问道："赵磊，先问你一个问题，如果我在背后和你一起议论他的缺点，他要是知道了，那他会不会和我反目成仇呢？他又会怎么看你呢？"赵磊听了张杰那句话后，脸"刷"地就红了，也不再吭声了。

张杰用的就是委婉点拨的技巧，即侧面点拨。张杰面对赵磊的发问，并没有直接回答，而只是把话题转到另一个角度，他给赵磊出了一道难题，而他出的这道难题也正好起到点拨对方的作用，他既表明了"刘强是我的好朋友，我决不会和你一起议论他"，在他的话中又隐含了对于赵磊在背后议论、贬损别人的不满。同时，因为这种说法比较委婉含蓄，所以不会给对方造成太难堪的局面。

（2）要类比警告

通过两种具有某一个相似点的事物来做比较，从而能够达到暗示或警告对方言行不当的效果，使他明白自己心中的不满。

例如：某公司的经理人张亮，在参加一次业务谈判时，遭到了另一家公司工作人员李某的顶撞，张亮就怒气冲冲地给李某公司的经理打电话说："如果你们公司不能向我保证撤销上次顶撞我的那个蛮横无理的工作人员的职务，那么，显然你们公司就没有与我们公司达成协议的诚意。"李某公司的经理听后，只是微微一笑，说："经理先生，对于我们公司工作人员的态度问题，对他是批评还是撤职，这应该是我们公司的内部事务，没有必要向贵公司做任何保证吧！这就好比是我们公司并不要求你们公司的董事会，一定要撤换与我们公司某个工作人员有过冲突的经理一样，难道这才算你们具有与我们达成协议的诚意一样吗？"张亮听了他的话后哑口无言。

以上事例李某公司的经理就很好地使用了类比警告的技巧。虽然说他们两个公司有许多不同的地方，但它们之间也有相似的一点，就是这两公司对于工作人员或经理的处分完全是各自公司内部的事务，与对方有没有诚意没有任何关系。

李某公司的经理就是抓住了这一个相似点做比较的，从而警告对方所提要求的过分和无理，也隐含了对张亮蛮横态度的不满。

（3）要柔性敲打

柔性敲打，其重在柔，即在警告对方的时候，要避免一定的冲突，借用另一种说话方式表达自己的不满。

例如，大部分女孩子为显示自己有个性，经常生男友的气，如果这个女孩又是父母的掌上明珠，或者是家庭兄长中的一个娇妹妹，她就更不能容忍他人对她的抱怨与不满了。可能也会有一部分痴情的男孩子会因为自己的哪一句话引起女朋友心中的不快，怕得罪自己的"小公主"，而忙不迭地向她赔礼道歉，甚至还会为了所谓的原谅而贬低自己，才能表示对恋人的忠贞。其实大可不必用这种方式，这里就可以用柔性敲打了。

小丽是某局长家的一位千金小姐，她和某单位的小李谈恋爱时，总是显示出她在某方面的优越感。可能是因为小李出生在农家，大学毕业时被分到局里当科员，也没有什么靠山。小丽总认为她这方面比他优越。有一次，小丽到小李家做客，她对小李家人的某些生活方式流露出不满，而且还不断地在小李耳边嘀嘀咕咕地发牢骚。特别是吃过晚饭后，她把小姑子使唤得团团转，可以说是当成仆人了。小李心里很不是滋味，但也不宜直接说，他就借这个机会笑着对妹妹说："要当师傅先当徒弟嘛！你现在可得加紧培训一下呀，将来你要嫁到别人家里时，也可以摆起师傅的架子来了。"

小丽似乎从小李的话中听出了他的本意，以后在小李面前就再没有表现自己的某些过分行为了。小李就是在恰当的时机用柔性敲打的方式来表示对小丽的不满，他用一句"要当师傅先当徒弟"的俗话来提醒小丽，这就避免了一些直接冲突，也表达了对对方的不满，这也不失为一种好办法。

（4）要进行幽默式的提醒

幽默可以作为人际关系中的一种润滑剂，在一定的时机可以利用幽默来表达自己对对方的不满，这是一种不错的方法。

有这样一个小故事，在一个饭店里，有一位非常喜欢挑剔的女人点了一份煎鸡蛋。她看了看女侍者，就挑剔地说："这种煎蛋要求蛋白全熟，蛋黄是生的，而且还能在里边流动。不能用太多的油去煎，盐放得稍微少一点，还要加一点点的胡椒。其次，我要的是一个新鲜的鸡蛋，而且是乡下母鸡生的。"女侍者听后就温柔地说："请问您一下，那只母鸡的名字叫阿珍，不知道能否适合您的心意呢？"

女侍者在面对这个爱挑剔的女顾客时，运用了幽默式的提醒技巧，她并没有直接表明对女顾客所提要求的不满，她是依照对方的思路，从而提出了比她更荒唐的一个可笑的问题来提醒对方：我们难以满足您过分的要求，用一个幽默的反问表达了对这位女顾客过分要求的不满。

对怀有恶意之人，不必拼个鱼死网破，只需打草惊蛇就可以了。置人于死地的事最好不要做，要做一位可方可圆之人，会说圆场话，会听弦外音，社交中就可游刃有余。

保持良好形象，闲谈莫论人非

闲谈是考验一个人品德高尚与否的重要标准之一。一个人如果在闲谈中，总是捕风捉影、搬弄是非，说明这个人的品格欠缺完善，由此也可检测出其做人的态度。所以，在与人相处时，一定不能丢失风度，把好口风，应别给自己找麻烦。

闲谈是改善人际关系、增进双方友情的方法之一，也是加强团结合作的工具。与人闲谈过程中，可以获得许多知识。可是生活中因为闲谈而引起事端的事也很多。这就说明，闲谈具有两面性，既有好的作用也能产生负面影响。

曾有人将舌头比做一把锋利的剑，杀人于无形中，该比喻一点也不夸张。一句不负责任的话，很可能造成一场人间悲剧，有人认为这样的说法是危言耸听，不过事实确实如此。

千万注意，别让闲谈坏了自己的形象，在闲谈中尽量回避对方忌讳的话题，用一颗爱心去体谅他人。要知道，任何人被击中痛处，都会受到伤害。所以，在与人交谈的过程中，必须管好自己的嘴，不提及他人忌讳的话题。

许多人一旦被激怒，理智便消失殆尽，做一些超出常人想象的行为或说出一些人们不能接受的话。等到风平浪静后，回过头看自己做过的事、说出的话，又不禁后悔万分。所以，当你即将发怒时，首先要让大脑控制好自己的行为，不管你做什么样的事，说什么样的话，都不要让这些行为伤害他人。

社会交际中，双方在闲谈时，突然反目也是可能发生的。或许交谈前十分友善，而刚谈上几句双方就开始破口大骂，更有甚者还会大打出手。究其原因，很可能是其中一方说话时触及了对方的隐私或痛处。由此可见，虽然是闲谈也要时刻注意管好自己的嘴，因为你根本无法预测哪句话会步入对方谈话中的"禁区"。

所以，说话时一定要警惕，时刻把"祸从口出"放在心上，以此来警戒自己说话要当心。

为了安全起见，双方交谈时不妨注意以下两点：

第一，双方交谈时，最好不要谈论第三者，即使所谈之事避免不了涉及第三者，也要掌握好一个度，跟此事密切相关的可以谈，但没有联系的事必须就此打住。

第二，闲谈中，对方的言谈举止有失态的地方，不宜嘲笑，即使要提醒对方保持风度也要采取适当的手段，给别人留面子。在闲谈中，经常给别人留下台阶，才表现出你的君子风度，时间长了，与你打过交道的人自然认为你是一个宽宏豁达、胸襟磊落的正人君子。这样一定会令你成为一个受欢迎的人，做起事来才能更容易些。

闲谈中必须用好大脑管好嘴。闲谈是增进感情、扩大人际交往的有力工具，不要因一时的口误而造成不可挽回的损失。

幽默的话语可以提升你的人气

在人际交往中，大家都喜欢与幽默风趣的人接触，幽默风趣的人本身也快乐自在，无忧无虑。所以，培养幽默感对人对己都有好处。要培养幽默感，可以多欣赏优秀的幽默作品，在会心一笑的同时，去分析、总结幽默的技巧，探索幽默的心理基础。

生活不能缺少幽默，而幽默人生则是生活的一种极致。尤其在现代社会中，没有人不喜欢幽默、向往幽默和追求幽默。据说，欧美的女子选择爱人，条件可能多种多样，但不变的一条就是幽默。不管怎么说，和一个幽默的人生活在一起有着无与伦比的幸福。

幽默不单单是引人发笑，更是带给人们心理上一种轻松和快慰。幽默是对他人一切过失的原谅，是对周围环境的喜剧式调侃，也是对自我困境的一种自嘲和解脱。幽默绝对是善意的，绝不夹杂半点恶意，相反，它是对恶意的一种消解和抹平。

很多伟大的人，如林肯、爱因斯坦、卓别林、萧伯纳等，他们之所以能成功，能够声名显赫，除了具有意志坚强、思维敏捷、机智灵活、自信敢为等心理素质之外，还有一个重要的心理素质——幽默感。

幽默的基础是宽容和理解，宽容和理解这个世界上的一切人，一切事，包括你自己，才能幽默，才有幽默。所以，幽默首先需要具备很高的修养和健康的心态。人要活得不低俗、不粗野、不偏激、不苛刻时幽默才能称得上幽默，否则就很容易走向讽刺。

幽默是人类特有的一种情绪反应。婴儿在发现新奇的事物时，就会开心地笑。然而，孩子在成长中，如果没有得到适度的爱，没有被适当地引导，那么很可能就会失去天生的幽默感了。

一个人要培养幽默感，应该先要知道，人生本来就不是完美的。一个人只有在被关怀、支持的环境中成长，才能学习以幽默来面对挫折。

幽默也可以用来对抗焦虑，不论大人或小孩都用得到。例如在智力、性别、宗教、政治方面，有许多你无能为力却又存在的问题，就需要以幽默来化解。

在人生道路上，挫折和失败是常有的事，如果忍受挫折的心理能力得不到提高，焦虑和紧张就会常常困扰我们的身心。假如你拥有幽默，也就具有了随环境变化不断加以调节自我心理的有力武器，即可利用幽默减轻生活中因失败带来的痛苦。

有位年轻人，一面查看那辆崭新的摩托车被撞后的残骸，一面对周围的人说："唉，我以前总说，有一天能有一辆摩托车就好了。现在我真有了一辆车，而且真的只有一天。"周围的人哈哈大笑起来。对这个年轻人来说，车被撞已无可挽回，但他并没有看得很重，而是利用幽默的力量，既减轻了自身的痛苦和不愉快，又给围观的人带来了一片欢乐。

幽默常会给人带来欢乐，其特点主要表现为机智、自嘲、调侃、风趣等。确实，幽默有助于消除敌意，缓解摩擦，防止矛盾升级，有人认为幽默还能激励士气，提高生产效率。美国科罗拉多州的一家公司通过调查证实，参加过幽默训练的中层主管，在 9 个月内生产量提高了15％，而病假次数则减少了一半。测验证明了沉闷乏味的人和具有幽默感的人，在以下几个方面存在着差异，而这些差异正是幽默感心理调节功能和作用所在。

（1）经多次心理测验证实，幽默感测试成绩较高的人，往往智商测验成绩也较高，而缺少幽默感的人其测试成绩平平，有的甚至明显缺乏应变能力。

（2）具有幽默感的人，在日常生活中都有比较好的人缘，他可在短期内缩短人际交往的距离，赢得对方的好感和信赖。而缺乏幽默感的人，会在一定程度上影响交往，也会使自己在别人心目中的形象大打折扣。

幽默面对，就是面对困境以幽默的态度处之。幽默可以调节紧张的神经，化干戈为玉帛，化解生活中的很多矛盾。幽默是生活中和艺术中各种喜剧形式的总称，包括一切能引导人开心的表情、体态、动作和心态。幽默是一种能力，人有了这种能力才能以快乐的态度来看待世界、处理事情，即使在失意的时候，也能自我安慰，一笑了之。幽默能引人发笑，使人思路敏捷、心胸开阔，防治心理疾病，增加心理健康。

（3）在工作中善于运用幽默的人，总是能保持一个良好的心态。据统计，那些在工作中取得成就的人，并非都是最勤奋的人，而是善于理解他人和颇有幽默感的人。

（4）幽默能使人在困难面前表现得更为乐观、豁达。所以，拥有幽默感的人即使面对困难也会轻松自如，利用幽默消除工作上带来的紧张和焦虑；而缺乏幽默感的人，只能默默承受痛苦，甚至难以解脱，这无疑增加了自己的心理负担。

显而易见，人们具有幽默感有助于身心健康。因此，要善于培养幽默感，从自我心理修养和锻炼出发来提高自己，释放心襟，开阔心胸。不要对自己有不切实际的过高要求，不要过于在意别人对自己的看法，学会善意地理解别人，正确地认识自我，不论在什么样的环境中都保持一种愉悦向上的好心情。

要学会主动交际，缓解压力。交往是人的本能行为，主动扩大交际面，有利于缓解工作压力。在人际交往中，使自己交际方式大众化，与人为善，主动帮助他人，从中获得人生乐趣。

格森《笑论》说，一切可笑都起于灵活的事物变成呆板、生动的举止化作机械式。所以，重复单调的举动容易惹人发笑，像口吃、口头习惯、小孩子有意模仿大人。幽默不能提倡这样一种"可笑"的论调，因为这样的所谓"幽默"只是把自然流露的弄成模仿的，变化不定的弄成刻板的。

许多人都以为中国人是较为严肃缺少幽默感的，其实中国人的幽默感更是"高超"，不仅含蓄，而且是温柔敦厚的讽喻。自诗经、楚辞、诸子、国策，到唐诗、宋词，无不充满温柔敦厚的讽喻笔调。白居易新乐府"讽喻诗"，就好像今天的评论文章。庄子尤为古代幽默大师，他向朋友告贷未遂，却以"枯鱼"为喻；拒绝楚王诏命，则以太庙中锦缎包裹的死蝇为喻；与好友惠施辩论，从没有脸红耳赤过。孟子滔滔雄辩，抨击异端时，言辞比较锋利，但他劝齐宣王行仁政，却以"见牛未见羊""君子远庖厨"来循循善诱，实在是富于幽默的一席话。

幽默的话语可以提升个人的魅力，如果在交往中逐步掌握了幽默技巧，就会巧妙地应付各种尴尬的局面，很好地调节生活，甚至改变人生，使生活充满欢乐。

善于察言观色才能游刃有余

人心往往是复杂的，要想了解一个人的所思所想，可以透过一个人神色来做具体的观察和揣摩，只有这样，才能更好地摸透别人的心理，投其所好，从而让自己在社会交往中变得游刃有余。

战国末期的大政治家韩非子，是察言观色的高手，他将此法运用得非常彻底，韩非子认为君王如欲实行中央集权政策，就必须控制臣子；而只有能看透人心的君王，才能妥善地驾驭臣子，所以韩非子特别重视透视人心的方法。

《韩非子》一书中，有一部分谈到有关看透臣子之法的内容。现列于此处，以供参照。

（1）必须以事实对照言语

只听他人的言语，而不用事实来证明，很难明白真相。鲁国宰相叔孙手下有一位叫作竖牛的侍从，他十分厌恶叔孙的儿子，时时刻刻希望除去这个眼中钉。有一天，竖牛在叔孙的面前说他儿子的坏话，叔孙误中他的奸计，杀死了自己的儿子，甚至惹来杀身之祸。这就是听信人言而不加证实所得到的教训。

（2）使每个人都有表现的机会，以发掘其才能

宣王喜欢听竽合奏，对于会吹竽的人，不加挑选一律任命为乐师，因此宫廷乐师多达数百人。

宣王死后，湣王继位。湣王和宣王的爱好不同，喜欢听独奏的乐曲，因此夹杂在乐师中充数的人，立刻逃之夭夭。

这就是著名的"滥竽充数"的故事。这个故事告诉我们，对于能力的评断，要看个人单独的表现。所以，在透视人心的时候，要让每个人有单独表现的机会，这样才能观察出各人的实际才干。

（3）以若无其事的态度试探对方

对明明知道的事假装不知道，也可以达到试探对方的目的。战国时期的韩昭侯有一天在剪指甲的时候，故意将一片剪下的指甲屑放在手中，然后命令近侍："我把刚才剪下的指甲屑弄丢了，心里毛毛的，很不是味道，快点帮我找出来。"

众人手忙脚乱地找了一阵之后，谁也没找到。这时，有一位近侍偷偷剪下自己的指甲呈上，禀报说找到了。昭侯由此发现他是一个会说谎的人。

又有一次，昭侯命令属下四处巡视，察看是否有事发生，结果属下回报说没有动静，经昭侯再三追问，才告知南门之外，有牛进入旱田偷吃了谷苗一事。

昭侯听完之后，命令报告的人不准泄露这个消息，然后派遣其他的人出外巡视，并且告诉他们：

"近来发现有违反禁令，让牛马牲畜践踏旱田的行为，你们速去探知，快来回报。"

不久之后，所有的调查报告都呈了上来，但其中并没有一件是关于南门外事件的报告，昭侯于是大发雷霆，命令属下重新严加调查，终于查出了南门外发生的事件。

从此，部下都畏惧昭侯料事如神的能力，再也不敢马虎从事了。

（4）故布疑阵试探人心

卫相山阳君察觉卫王近来似乎对他有些起疑，但又无法测知君王的心意，于是故意散布谣言，毁坏一个君王宠臣的名誉。这名宠臣听到山阳君毁谤他的话，怒气横生地对周围的人说：

"哼！山阳君还有心情说别人的闲话？他已经被君王怀疑，自身难保了。"然后把君王对于山阳君的观感完全吐露出来，由此，山阳君探得了君王对他的种种看法。

燕相子有一次在私宅中和家臣不着边际地说了一句：

"刚才由门口出去的是不是一匹白马？"

"没有啊！我们没看见马。"

大家感到很惊讶，异口同声地这样回答。可是，其中有一个人，走出门外张望了一下，回来报告：

"确实有一匹白马。"

燕相子从中发现了这个家臣是个善于说谎的人。

从很多的历史典故中，都可以学习到如何察言观色做人，作为一个年轻人，一定要懂得察言观色，才能在社会交往中不吃亏，更好地与别人相处。

透过眼神来查探别人的意图

眼睛是上帝赐给人类的礼物，眼睛所传达出来的信息，要比其他部位多得多。一个人所思所想很多时候会通过他的眼神表现出来，通过观察一个人的眼睛，可以在某种程度上对他有一个大致的了解和认识。

俗话说，眼睛是心灵的窗户。有时眼睛也会说话，一个人的内心活动经常会反映到他的眼睛里，心之所想，透过眼睛就能表达出个大概，这是每个人都隐瞒不了的事实。通过一个人的眼神，有时候可以辨别一个人的善恶，眼神正则其人大致正直，眼神邪则其人大致奸邪。

泰戈尔说的好："任何人一旦学会了眼睛的语言，表情的变化将是无穷无尽的。"经验告诉我们，人内心的隐秘，内心的冲突，总是会不自觉地通过变化的眼神流露出来。

在人的一生中，眼睛所表达出来的"语言"最丰富多彩。更多的时候，人的眼睛和舌头所说的话一样，能从眼睛了解事物的大致面目来。眼睛是人类五官中最敏锐的器官，它的感觉领域几乎涵盖了所有感觉的70%以上，其他感觉与之相比显得微不足道。以饮食为例，人们吃食物时绝不仅靠味觉，同时会注意食物的色、香以及装食物的器皿等。如果在阴暗的房间里用餐，即使明知吃的是佳肴，也会产生不安的感觉，无心品尝或胃口大减。相反，如果在一流饭店或餐厅用餐，用精致的器皿装食物，并重视灯光的调配，定会增加饮食者的胃口，吃得津津有味。这是视觉影响了人们的食欲。

孟子在《离娄上》中有一段用眼睛判断人心善恶的论述："存乎人者，莫良于眸子。眸子不能掩其恶。胸中正，则眸子瞭焉；胸中不正，则眸子眊焉。"

眼神的状况，对于认识一个人来说是非常重要的。眼神清的人，通常表示此人清纯、澄明、无杂念、端正、开明；眼神浊的人，往往昭示此人昏沉、驳杂、粗鲁、庸俗和鄙陋。

在希腊神话中有这样一个故事，有3个姐妹，外人只要一接触其中的一位名叫梅德莎的眼光，便立刻化为石头。这个神话故事寓在说明眼神的威力。在日常生活和工作中，假如忽略了别人的眼睛，就很难窥探对方内心世界的微妙变化。一般情况下，人们很难彻底隐瞒内心的想法，即使有人摆出一副毫无表情的脸孔，但刻意的做作并不能维持长久。老年人常说："听别人讲话，或对别人讲话，要注意对方的眼睛。"有的人交谈时不看对方的眼睛，多数情况下，是胆小、没有信心、怕难为情、畏缩。

一直观察对方的眼睛，会感觉视觉的疲劳，这里所说的看眼睛，并非真的凝视，而是观察对方视线的活动。通过了解一个人的视线活动状况，就能大致完成与他人之间的圆满交往和心灵沟通。

一个人的视线可以通过不同的角度来了解。

第一，对方是否在看着自己，这是一个关键。

第二，对方的视线如何活动，或者是视线刚接触立刻就挪开，他的心理状态是有所不同的。

第三，视线的方向，即对方是正视还是斜视观察自己的。

第四，视线的集中程度，即是否是专心致志地看自己。

第五，视线的位置，通过对方视线的方位移动，来考察他的内心动向。

观察一个人的"眼神"，是辨别一个人好坏的一个途径。诸葛亮就是一个通过眼神识别人物的高手。

当时，曹操派刺客去见刘备，刺客见到刘备之后，并没有立即下手，而是与刘备讨论削弱魏国的策略，他的分析，极合刘备的意思。

不久之后，诸葛亮进来，刺客很心虚，便托辞上厕所。

刘备对诸葛亮说："刚才得到一位奇士，可以帮助我们攻打曹操的势力。"

诸葛亮却慢慢地叹道："此人见我一到，神情畏惧！视线低而时时露忤逆之意，奸邪之形完全泄露出来，他一定是个刺客。"

于是，刘备连忙派人追出去，刺客已经跳墙逃去了。在瞬息之间，透过眼神的变化，看出一个人的目的和动机，固然需要先天的智能，但更多的是靠后天的努力，因为这种智能是在环境中磨炼和培养出来的。诸葛亮能够看透此人，主要是从他的眼神闪烁不定中发现破绽的。而生活中，常有那些仪表不俗，举止轩昂之辈，想一眼识破他的行径，可能就比较困难了，王莽就是这种类型的人。

王莽这个人在历史上的名声并不太好，但就他本人的才能而言，在当时也算得上是一个极其难得的人才。

新升任司空的彭宣看到王莽之后，悄悄对大儿子说："王莽神清气朗，但是眼神中带有邪狭的味道，专权后可能要坏事。我又不肯附庸他，这官不做也罢。"于是上书，称自己"昏乱遗忘，乞骸骨归乡里"。从眼神上来分析，"神清而朗"，指人聪明俊逸，不会是一般的人；眼神有邪狭之色，说明为人不正，心中藏着奸诈意图。王莽可能也感觉到了彭宣看出一些什么，但抓不到把柄，恨恨地同意了他的辞官，却又不肯赏赐养老金。

做推销工作的人如果没有从眼睛观察对方的能力，是很难胜任这个工作的。一个成功的推销人员，正是由于具备了透过眼神查探别人意图的能力，因此在业务上往往能够游刃有余，无往而不胜。

心理学家珍·登布列在《推销员如何了解顾客的心理》一文中说道："假如一个顾客眼睛向下看，而脸转向旁边，表示你被拒绝了：如果他的嘴是放松的，没有机械式的笑容，下颚向前，他可能会考虑你的提议；假如他注视你的眼睛几秒钟，嘴角乃至鼻子的部位带着浅浅的笑意，笑意轻松，而且看起来很热心，这个买卖大概就有戏了。"

一个人的眼睛往往是灵魂的忠实解释者，而这种解释通常是无意的。观察眼睛是察言观色的一个主要的方法，"眼睛是心灵的窗户"，一般人的喜、怒、哀、乐都会通过眼睛表现出来。学会观察眼睛，对自己灵活做人是大有裨益的。

通过言谈来识别一个人

一个人的言谈在很大程度上，能体现一个人的内心世界。言谈的内容和方式往往是一个人品性和才智的表现。分析判断人的言语，是洞察人心理奥秘的有效方法。从一定的意义上说，言语是一种现象，人的欲望、需求、目的是本质。现象是表现本质的，本质总要通过现象表现出来。

明洪武初年，浙江嘉定安亭有一个名为万二的人，他是元朝的遗民，在安亭郡堪称首富。一次，有人自京城办事归来，万二问他在京城的见闻。这人说："皇帝最近做了一首诗，诗是这样的：'百僚未起朕先起，百僚已睡朕未睡。不如江南富足翁，日高丈五犹拥被。'万二一听叹口气道："唉，迹象已经有了，他马上将家产托付给仆人掌管，自己买了一艘船，载着妻子，向江湖泛游而去。两年不到，江南大族富户都分别被收缴了财产，门庭破落，唯有万二逃过了这场劫难。

言语作为人的欲望需求和目的的表现，有的是直接明显的，有的是间接隐晦的，甚至是完全相反的。对于那些直接表达内心动向的语言来说，每个人都能理解，正常的、普通的人际交往，就是以这种语言为媒介进行的，无须赘述。而那些含蓄隐晦甚至以完全相反的方式表现心理动向的言语，就不是每个人均能理解，人与人的差别大多也就因此而异，需能够举一反三、触类旁通，反过来想想，倒过来看看，增加点参照物，减少些虚假的东西等，最后透过言谈话语，发现人的深层动机！那就说明，你比别人聪明得多。而这种知人的方法，就是言语判断法。

通过人们发出的不同声音，说出的不同话语，来透视一个人的心术，是很有道理的。声音可细分为声与音两个方面，既可由声来识人，又可由音来识人，但在实际运用中，通常都是用两者结合来识别人的心思的。

石勒是古代羯族的民族英雄。在他14岁的时候，随着同乡经商到洛阳，曾经依着城东门长啸，王衍恰好从此处经过，当时从他的啸声中感到这个孩子不同一般，他对手下人说："刚才那个胡人，我听到他的啸声，观其相貌，是个心怀异志的人，将来恐怕会成为天下的祸患。"当即派人去追，可石勒已逃走了。

不仅声音可以帮助我们观察人、了解人，就是那些被人调弄演奏的乐器也可以反映出调弄、演奏者的心理状态，声音从人的喉舌发出，而乐器的声音则由人的手弹拨打击乐器而产生，人的喉舌虽然与乐器有很大的不同，但是产生声音的原始的、内在的动力则是一样的。

《论语》中曾记载孔子在卫国讲学时，以打击乐器为乐。一次，他与学生们谈论言为心声的话题，并且打击磐石，抒发自己的抱负。这时，有人身背草编的筐子走过孔家门口，说道："这个击磐的人很有心事啊！"过了一会儿这人又说道："庸鄙浅陋啊！怎么那样固执呢？大概是没有人了解自己吧！击磐的声音深切激越，但表达的感情则是浅显平易。"

《吕览·季秋纪·精通篇》记载：钟子期夜晚听到击磬的声音，感到十分悲伤，便派人把击磬的人召来问道："您击磬的声音为什么那样悲哀呢？"击磬人回答说："我的父亲不幸因杀人而被处死，我的母亲因此被罚为公家酿酒，我自己被罚做公家的击磬人，我已经3年没有见到母亲了！我思量着如何能赎回母亲，却一点办法也没有，因为连我自己也是公家的财产，因此心中十分悲哀！"钟子期感慨地说道："伤心啊！伤心啊！人心不是臂膀，臂膀也不是木椎、石磬，但是人的心里悲痛，而木椎、石磬都有感应！"

所以，一个聪明人可以根据一个人的言谈来判断其修养和性格。言谈识人，要通过日常生活的积累，不可凭一时的冲动，要从整体出发，予以全面考虑。

聪明人懂得自我解嘲

因为失误引发别人的对立情绪时，如果能适时地自嘲一番，获得原谅应该不难。这就像两个打架的人，一个突然倒地自认不是对手，如果对方不是无赖恶棍，一般便会又好气又好笑地敌意顿消，说不定还会扶持"自败者"一把，聪明人懂得自我解嘲。

传说，希腊哲学家苏格拉底的妻子是个泼妇，常对他发脾气。而苏格拉底总是对旁人自嘲道："讨到这样的老婆好处很多，可以锻炼我的忍耐力，加深我的人格修养。"有一次，他的老婆又发起脾气来，大吵大闹，很长时间还不肯罢休，苏格拉底只好退避三舍。他刚走出家门，那位怒气未消的夫人就突然从楼上倒下一大盆冷水，把他浇得像只落汤鸡。这时，只见苏格拉底打了个寒战，不慌不忙地说："我早就知道，响雷过后必有大雨，果然不出我所料。"

显然，苏格拉底有些无可奈何，但他带有自嘲意味的讥讽，使他从这一窘境中超脱出来，充分显示了苏格拉底深厚的生活修养。

著名喜剧女演员卡洛·柏妮，有一次坐在餐厅里用午餐。这时，有一位老妇人走向她的餐桌，举起手来摸摸卡洛的脸庞。当她的手指滑过卡洛的五官时，带着歉意说："我看不出你有多好看。"

"还是省省你的祝福吧！"卡洛说，"我看起来没有你好看呢。"

素不相识的人去摸别人的脸庞，是绝对的无礼；当她假装抱歉，其实是大发醋意时，这位老妇人对年轻漂亮女人的妒忌几乎发展成了一种带有恶意的挖苦。可以设想一下，如果她面对的是一个与她一样放肆无礼而又心胸狭窄的人，人们也许将会目击一场争斗。可是，卡洛·柏妮表演喜剧，她深深理解喜剧与闹剧的差异。所以，她神情自若，先把老妇人带有攻击意味的贬低说成是"祝福"，并请她停止"祝福"。然后，坦然地承认自己没多好看，讽刺对方，而又嘲笑自己。在粗鲁蛮横的侵犯面前，她保住了自己的尊严，同时又表现出一种豁然大度的宽容厚道之气，从而在精神上战胜了对方。其中引人发笑的成分不少，让人起敬的成分更多。

有时陷入难堪是由于自身的原因造成的，如外貌的缺陷、自身的缺点、言行的失误等，自信的人能较好地维护自尊，自卑的人则往往陷入难堪。对影响自身形象的种种不足之处大胆而巧妙地加以自嘲，能出人意料地展示你的自信，在迅速摆脱窘境的同时展示你潇洒不羁的交际魅力。如你"海拔不高"，不妨说自己是体积小面积大，"浓缩的都是高科技"；如丑陋的你找了一个美丽的她，不妨说"我很丑但我很温柔"；即便你如刘墉一样背上扣着个小罗锅，也不妨说你是背弯人不驼。

无论怎样，自嘲自己的长相，或自己做得不是很漂亮的事情，会使我们变得更为豁达，并给人一种和蔼可亲的感觉，增加人情味。在社交场合中，自嘲是不可多得的灵丹妙药，别的招不灵时，不妨拿自己来开涮，至少自己骂自己是安全的。

第五章

以礼数待人，明方圆之道

做人一定要懂得方圆之道，刻板教条一定会行不通。圆通并非是圆滑世故，也不是没有原则，而是在适当的时候懂得随机应变，懂得以礼待人，于不露声色中，把事情做圆满。外表愚钝，内心澄明，对待自己要严格，对待别人要圆融，这是一种高妙的处世哲学。

礼貌待人永远没有错

做人要客气点，言外之意就是要求人们要多顾及一下礼数。无论熟人也好，生人也罢，都不能少了礼。别人对你彬彬有礼，便是尊重你的表现，假若你忽略了礼数的威力，被他人冷落的恶果正在等待着你。

张强是一家企业的领导，每当员工与他说话时，他都坐着不动，爱答不理，从来不把别人说的话放在心上。别人见他冷漠待人也只好敬而远之，向他汇报工作时也只是站在旁边与他说话。

像张强这种人说得好听些是架子十足，用另一种说法就是不懂礼貌，缺乏教养。不管他心情好不好，都始终不说一句话，视别人为不存在，始终不抬头看别人一眼，他人也只能尴尬地走开。他对自己的员工尚且如此，对待朋友也就可想而知了。

每当与朋友或同学聚会时，张强总是爱搭不理的，实在令人难受。久而久之，朋友、同学间的情分就会淡漠，即使与他保持联系也没有情的因素，多半是因为他的地位与钱财。

像张强这样不懂得客气待人的人，得志时大家不敢正面批评他，只能在背后暗骂，即使受到恭维，也只是逢场作戏，别人嘴上在称赞、夸奖，可心里却在漫骂。一旦形势逆转，他不再得志时，攻击他的人就可想而知了。等待他的必定是惨败、孤立无援，造成这种结果的不是别人而正是他自己。

人在社会上行走，尽量多结人缘少结人怨，因为多个朋友多条路，多个敌人多堵墙。客气待人便是多结人缘的一件重要的工具。礼貌是人为的，后天养成的，可以通过学习培养。生活中多些礼数才能行无所碍。有人说："太过于客套就显得有些虚伪，如果客气待人转化成虚伪待人，意义就大不一样了。它不但不会促进感情，反过来还可能会伤害原本亲密的关系。"

事实并非如此，世上恐怕没有人愿意别人对自己粗俗无礼，也没有人愿意别人对自己指手画脚，都希望从别人那得到尊重，即使再亲密的朋友也同样需要对方的尊重。

由此看来，礼貌成了维系朋友间感情的桥梁，礼数到了，友谊地久天长；礼数没到，友谊破裂在所难免。

这里所指的"礼"不单单指礼貌，而礼貌也是其中的一个很重要的部分。通过一个人的言谈举止，音容笑貌，就可以评价出一个人是否有礼貌，从而推断这个人是一位君子还是一个小人。

在与人相处时，一定不可忽视礼数的重要作用，它将决定着你步入成功的殿堂还是坠入失败的地狱。

当然，礼数多了不诚恳也是不行的。如果你的礼很多，但使用这些礼的时候敷衍了事，即使礼数再多也起不了什么作用。客气待人讲的是礼貌、诚恳地对待他人，懂礼貌与诚恳待人二者结合起来，才能得到尊敬，才可称得上是真正有礼貌的人。

俗语说得好："人熟礼不熟。"意思就是要求人们要客气对待每个人。对于熟人，你要以礼相待，才能加强双方感情；对待生人，更要以礼相待，那关乎你个人形象和双方间友情的铸造。

年轻人在为人处世中，一定要多些礼貌，只有这样才能万事顺畅。礼可以改变他人对自己的看法，促进双方的情谊。多结人缘少结人怨、客气待人会使每个人在人生路上受益终生。

微笑是必备的一种礼仪

对人微笑是一种文明的表现，它显示出一种力量、涵养和暗示。微笑，敲开了社交大门的窗口。不管一个人多么讲究社会礼仪，如果整天面无表情，那么他也是不会受到别人欢迎的。因此，微笑可以增加个人的魅力。

微笑是希望和力量，犹如春风轻拂着人们的内心。没有人愿意帮助那些整天皱着眉头，愁容满面的人，更不会相信他们。而对于那些承受巨大压力的人，一个笑容可能能帮助他们释放压力，让他们感受到世界是有欢乐的，是美好的。

一个不会微笑的人是非常可怕的，必须培养自己练习微笑。如果你是独处，强迫你自己吹口哨，或哼一曲，放松一下，如此表现出你似乎已经很快乐，这就容易使你快乐了。

你的笑容就是你善意的信使，它能照亮所有看到它的人。对那些整天皱眉头、愁容满面的人来说，你的笑容就像穿过乌云的太阳，给他们以心灵的慰藉。

要使同事欢迎你，首先，要对他们表示诚挚的关切。卡耐基说："笑容能照亮所有看到它的人，如同穿过乌云的太阳，带给人们温暖。"行动比言语更具有力量，微笑则表示的是："我喜欢你，你使我快乐。我很高兴见到你。"

卡耐基曾经鼓励成千上万的商人，用一个星期的时间每天都对别人微笑，这之后再回到班上来，所得的结果与从前则大不相同了。威廉·史坦哈正是一个典型的例子。

"我已经结婚18年多了，"史坦哈说，"在这段时间里，从我早上起来，到我要上班的时候，我很少对我太太微笑，或对她说上几句话。我是百老汇最闷闷不乐的人。

"既然你要我以微笑的经验发表一段谈话，我就决定试个一星期看看。

"现在，我要去上班的时候，就会对大楼的电梯管理员微笑，并说上声'早安'，我以微笑跟大楼门口的警卫打招呼。当我需换零钱的时候，我对地铁的出纳小姐微笑。当我站在交易所时，我对那些以前从没见过我微笑的人微笑。

"我很快就发现，每一个人也对我报以微笑。我以一种愉悦的态度，来对待那些满肚子牢骚的人。我一面听着他们的牢骚，一面微笑着，于是问题就容易解决了。我发现微笑带给我更多的收入，带来更多的钞票。

"我跟另一位经纪人合用一间办公室，他的职员中有个很讨人喜欢的年轻人，我告诉他最近我所学到的做人处世哲学，我很为所得到的结果而高兴。他告诉我，当我最初跟他共享办公室的时候，他认为我是个非常闷闷不乐的人，直到最近，他才改变看法，说我微笑的时候充满慈祥。

"同时我也改掉批评他人的习惯。我现在只赏识和赞美他人，而不蔑视他人。我已经停止谈论我所需要的。我现在试着从别人的观点来看事物，如此真的改变着我的人生。我变成一个完全不同的人，一个更快乐的人，一个更富有的人。"

微笑是改善人际关系的重要力量，它时时刻刻都用得着。做人要有"心机"，微笑是"心机"和礼仪的表现，所以，要不断检查自己是否面带微笑。

礼品传情，情真意切

生活中的送礼现象到处存在，家人、朋友、同事之间都互相送礼，所以收礼也要区别对待。一般性、纪念性的礼品可以收受，但如果收下一些可能影响工作大局而使某方得益的礼物，就会改变赠送礼品相互纪念的意义了，那是万万不可取的。

如何赠送礼品是人情礼仪中十分复杂也很难处理的一门学问，这门学问，学校没有专业，社会中也没有规章制度，同事也难以明说，全凭自己去摸索、去掌握。熟知赠送礼品学问的人往往能八面玲珑，四方有缘，处处春风得意。送礼物给同事，是工作之余建立感情、增进关系的有效方式之一。同事帮了你的忙，事后不忘认真地选一份礼品亲自登门送上，既还了人情，又不致失礼仪。同事家有婚嫁喜事，根据关系的远近亲疏送上一份合适的贺礼，既添了喜庆，又买了人缘儿。同事生病，及时前去探望，时间不宜过长，送些鲜花、水果、营养品等足已，既安慰了病人，又表达了关心之情。诸如此类同事间的私人馈赠，作为联络感情的应酬，当然是必要的，但要注意轻重之分，一般不宜买太贵重的礼物，免得让对方感到你别有用心。

赠送礼品给上司，可视为一种礼貌，以表达感谢的心意。上司在公事上给予不少指点，对工作该如何进行也帮了不少忙，谢谢化成礼品，更具体、更有现实意义。赠送礼品的时机要恰当，毫无理由的馈赠绝非多多益善。老祖先创造了"礼节"一词，恐怕也正是暗示"逢节送礼"之意，而不是没道理的送，所以赠送礼品要选对时机。

有句俗话叫作"礼多人不怪"。做人要讲究彬彬有礼，礼尚往来，有来有往，这既是做人的窍门，也是做人的风度。

外圆内方，懂得随机应变

古语云："取象于钱，外圆内方。"这不是老于世故的表现，实际上，圆是为了减少阻力；方是立世之本，是实质。

人生就像大海，处处有风浪，时时有阻力。我们是与所有的阻力较量，拼个你死我活，还是积极地排除万难，去争取最后的胜利呢？有些人面对这个人生疑问时，选择了消极地逃避，而不是积极地面对。

为了绚丽的人生，需要许多痛苦的妥协。必要的合理的妥协，这便是这里所说的"圆"。不会"圆"，没有驾驭感情的意志，往往碰得焦头烂额，一败涂地。

也许某些人是可恶的，他是这样的小家子气，如此的自私，这般的狂妄，出奇的愚昧，让人无法忍受的独断专行，等等。可是朋友，可能你是一个很高尚的人，有知识、有修养、长得也漂亮，容忍他人吧，容忍他人的怪癖甚至丑陋，就像容忍自己的阴影一样。

鲁迅是一个反愚昧、反迷信、反封建的斗士，可是，据周建人回忆，他祖母死时，鲁迅也披麻戴孝，跪在祖母灵前，烧香化纸，在此境此情中，鲁迅也"圆"了一下。

他人的觉悟程度，是他人人生经历的结果。改变他人就像改变自己一样，是一个艰难的痛苦的过程。我们固然需要对他人的劣根性进行批判，然而，我们更需要的是对他人施以自己诚挚的厚爱。

愤恨他人的人，其内耗是极大的。这是否也是一种自我的丧失？丧失在自己偏激的怒海之中。内心坚定的人，没有工夫叹息，没有时间愤恨，他把别人用来评头论足的时光，都花在对事业的辛勤耕耘上！

圆，是一种豁达，是宽厚，是善解人意，是与人为善，是心脑的宽阔，是生活的轻松，是人生经历和智慧的优越感，是对自我的征服，是通往成功的坦荡大道。

做人就要像古代铜钱一样，"边缘"要圆活，要能随机而变，但"内心"要守得住，有自己的原则。例如，对周围的环境、人物，假如有看不惯处，不必棱角太露，过于显出自己的与众不同来。"处世不必与俗同，亦不宜与俗异，做事不必令人喜，亦不可令人憎"，这样既可以保全气节，也可以保护自己。

圆通做人，而不是圆滑世故

做人要讲求方圆之道。人活在世上，无非是面对两大世界，身外的大千世界和自己的内心世界。人，一辈子无非是做两件事——做事和做人。怎么做事和怎么做人，从古到今都是人类探讨的课题，多少人一辈子都在为之不懈努力。

做事要方，就是说做事要遵循规矩，遵循法则，绝不可越雷池一步。

每一个行当都有自己绝不可逾越的行规。比如说做官就要奉守清廉的原则，从一开始就要做好承受清贫的思想准备。就像曾国藩家训中的一条：为官要清，贪不得一样。如果做官开始的动机就不纯或慢慢变质，企图以权谋私或权钱演变，那这个官就绝对当不好，当不长了。

经商要奉行的金科玉律是一个"诚"字。真正的大商人必是以诚行天下，以诚求发展，绝不会行狡诈、欺骗之伎俩，为一些蝇头小利或眼前得失而失信于天下。像韩国因商业楼倒塌而产生的震惊世界的惨案，便是因为韩国的建筑承包商在建造大楼时偷工减料；像某一个生产鳖精厂家的秘密彻底被揭露，是因为生产鳖精的厂家生产的竟是没有鳖的鳖精。

做学问信奉的是一个"实"字。一步一个脚印，一天一点长进，方能积少成多。那些沽名钓誉之辈终将会成为人类的笑柄。

做人要圆，这个圆绝不是圆滑世故，更不是平庸无能，这种圆是圆通，是一种宽厚、融通，是大智若愚，是与人为善，是居高临下、明察秋毫之后，心智的高度健全和成熟。不因洞察别人的弱点而咄咄逼人，不因自己比别人高明而盛气凌人，任何时候也不会因坚持自己的个性和主张让人感到压迫和惧怕，任何情况都不会随波逐流，要无形中影响别人而又绝不会让人感到是强加于人。这需要极高的素质和很高的悟性技巧，这是做人的高尚境界。

圆的压力最小，而张力最大，可塑性最强。如果真正有了大智慧、大胸襟，真正能自强自信，心态平和，心地善良，凡事都往好的一面想，凡事都能站在对方的立场为他人着想，人的弱点皆能原谅，即便是遇见恶魔也坚信自己能道高一丈，如真能那样，人还有什么做不好呢？

如若不是这样，凡内心孤独的人必喜虚张声势；内心弱小的人必好狐假虎威；心中有鬼的人必爱玩弄伎俩；没有自信的人必会尖酸刻薄，试问这样的做人又从何谈圆？

当然也不乏有人为了某种利益和目的不惜敛声屏息，八面讨好，左右逢"圆"。但这种圆和那种圆绝对有本质的区别，这种"圆"的后面是虚伪和丑恶。成功的后面包含着牺牲。如果说有人能做到内方外圆的话，那也肯定包含了许多的牺牲。比如说做事要方，做事要有规矩、有原则，那就意味着许多事不能做、许多事又非要做，那无疑也就意味着会得罪许多人，惹恼许多人，意味着要舍弃许多利益甚至招来杀身之祸。如中国的民族英雄岳飞，为了"忠"舍弃了"孝"。但在"忠"君和"忠"国之间，他做不到只为了忠于昏君而放弃抗击金兵，为了这种原则，他惨死在风波亭。

圆通做人，而非圆滑世故，在为人处世的过程中，不露声色地把问题处理好，让人不会觉得你虚伪狡诈，这样的人才会融于天下。

融"忍"与"不忍"于胸腹之中

有句话说得好，小不忍则乱大谋。要想成大事，必须要暂时忍受小痛。但是，忍耐并不是一味的容忍，不是没有原则的容忍。不该忍的去忍，是懦弱；该忍的没有忍，是鲁莽，两者都不可取。做人要讲究方圆之道，要学会融"忍"与"不忍"于胸腹之中。

有的人确实是性格上天生温和、善良，他们要注意维护自己的形象和利益，心里要清楚对什么人可以忍让，对什么人却不能忍让。如果你的忍让带着"讨好"的味道，那就更大错特错了。靠忍让去换得别人的好感，大部分情况下是适得其反。除非你遇到一个非常善良的智者或者和你一样喜欢一味忍让的人。

一忍再忍，就会让人觉得你比较软弱，分不清是非。在忍让的同时，总会在是非问题上作些妥协，久而久之，你会发现有些时候自己也搞不清到底什么是对，什么是错。如果在原则问题上一再忍让，有时会害了自己，犯下错误，甚至以身试法，自己竟然还蒙在鼓里。

忍久了，自己也会觉得很压抑。很少有人能非常轻松地、愉快地一再忍让别人，大多数情况下，在心里总要做一番斗争。忍让的次数越多，越是痛苦。这种压抑的心情会带来很大的副作用，最大的不利是损害健康，也"害"了别人。一般来说，别人是不会把一再忍让当作适可而止的信号，相反却容易得寸进尺。

对于一些善意的玩笑和一时的过火行为，忍让一下，可以显示你的涵养和风度。喜欢一味忍让的人，应该告诉自己在适当的时候要警醒一下别人，在适当的时候予以回击，不要让自己的原则受到侵犯。

对于那些一贯性的、侮辱性的、无赖性的侵犯，忍让就等于绵羊投降于恶狼面前，这时候需要的就是毫不留情的反抗。首先要警醒一下对方，显示你的风度。即使最后反抗的结果可能是从此不再有来往，也要奋力去做，即使你力不从心，或者遭到更大的侵犯，也要坚强去做，因为结果往往是邪不压正。不管结果如何，都要维护自己的尊严和形象，也让对方知道如何尊重别人。

不要没有原则的滥充好人

在生活中，任何人都喜欢好人，期望遇到好人。因为好人不具侵略性，不会伤害别人，甚至有时还会为了别人的利益而让自己吃亏。这种好人岂止用一个"好"字形容，简直可以说是一种伟大的人性，但是，做好人并不是滥充好人。

在现实生活中，我们经常听到有人说：好事难为，好人难做。其实，做好人是由一个人的性格决定的。而做好人也有其人际关系上的价值，做好人是值得称道的，但是有一点我们要引以为戒：不可没有原则的滥充好人。

小李和小张同住在一个宿舍。小李是个爱做好人的人，而小张则是个懂得怎样才能做好人的人。他们的生活也因此大不相同。这一天是周日，他们本来要做个工作计划，可是，一天内两个人的生活却有很大差异。

有位同学让小李帮忙修一下电脑，小李忙答应："没问题。"

隔壁宿舍的人让小李帮忙出去买个风扇，他又是答应："好，我马上就去。"

忙碌了一上午的小李刚回来，有人又让他去帮忙做海报，他又答应："好。"

一天过去了，小李都为"做好人"而忙碌着，他的工作计划还没有开始，自己却已经筋疲力尽了。

小张也在这一天面临了这几个问题，而他的回答都是"不"。

你或许认为小张肯定不是个"好人"，可当事人却并没有这种感觉，因为他很讲究拒绝的方式和技巧。在回答第一个问题时，他说："我现在正在做工作计划，这可耽误不得，你如果不着急用的话，就等到明天，或者我帮你介绍一个修电脑的高手。"

在回答第二个问题时，他说："我今天有十万火急的事，您还是亲自去吧，再说买风扇的地方也不远，而且我对电扇的牌子也不太熟悉……"

他第三次拒绝的时候则说："老师，我们班同学那么多人才，我那两把刷子怕给咱班级丢脸呢，你让某某去吧，他的电脑制作可是一流的呢……"

小张的拒绝不仅委婉，而且非常有道理，既做了"好人"，也腾出时间把工作计划做完了。他这种做法，不仅自己不吃亏，也让他人理解他的难处，可见他对人情世故已经驾驭得非常娴熟。而小李的做法则有滥充好人之嫌，一个不懂得拒绝、只会做好人的人，除了让自己备受其累之外，并没有什么可取之处。而且，因为在任何时候都要做"好人"，其精力与时间毕竟都是有限的，而有些事情万一做不好，还会引来别人的不满意。

在生活中，滥充好人一般有以下特点：没有原则、没有主见、不能坚持原则，这种好人不知是性格因素，还是有意去讨别人欢喜，反正是对他人有求必应，也不管自己这样做会有何种后果。有时候，他也想坚持，可是别人声音一大，他马上就软了下来，或者别人一再坚持，他也就改变了自己的观点。因为缺乏原则与坚持，导致是非不分。

这种滥充的好人就像我们平时所说的"好好先生"一样，其得到的结果和真正的好人是不同的。好人是有原则的，所以当他人赞颂真正的好人时，往往带着几分敬畏。但滥充的好人则不然，他在人际关系中，往往得到的是"不能担此大任"的评语，甚至让人感到窝囊。而且别人因为深知他的弱点，甚至会算计他、陷害他，得寸进尺，随欲索求，反正他不会反抗、不会拒绝。

一个人的性格决定了一个人的行为，因此，滥充好人者可以从以下方面试着改变自己：

（1）了解自己滥充好人的后果。

（2）了解拒绝和坚持并不一定会得罪别人，而且还能保护自己。

（3）学会拒绝和坚持。

（4）如果自己摆脱不掉性格的限制，可请旁人不时暗示你、鼓励你，以强化你不滥充好人的动机和决心。

当你下次面临艰难选择时，当你又再次无原则地施舍自己的仁善友爱时，请你考虑一下，自己是否在滥充好人，自己该怎样做一个好人。

明枪易躲，暗箭难防

俗话说得好："明枪易躲，暗箭难防。"做人要襟怀坦荡，但是，也不得不防备暗来的箭。生活中的小人不会因为别人真诚而变得善良，也不会因为别人坦荡而放弃攻击，所以，要始终记着，防人之心不可无。

也许你觉得坏人并不可怕，他们奈何不了你，但你要知道，坏人之所以为坏人，是因为他们始终在暗处，用的始终是不光明的手段，而且不会轻易罢手。历史上有几个忠臣抵挡得过奸臣的陷害？比如战国时期的大将军吴起，他在20年里，一共为魏国打了大小战役72场，62胜10平，无一败绩。这样的功绩虽不绝后，但足可空前。他所著的《吴子兵法》为各国将军广为传诵，提起吴起的名字，天下莫不如雷贯耳，然而就是这样的将军依然免不了被暗箭所伤。

在魏文侯时期，吴起名声非常大，在他出巡时期，万民伏首，一人朝带剑上殿，交往的无不是当时名流，各国显贵。一时间，他享尽了名声所带来的好处，也让无数人得了红眼病。由于魏文侯倚重吴起，因此旁人无机可乘。

魏文侯死后，喜好吃喝玩乐的魏武侯即位。相国公叔早就对吴起看不顺眼，鼠须一捻，便计上心头，他对武侯道："吴起是个有大才干的人，而我国和邻近的秦国比起来，实在很弱小。我担心像吴起这样的大才，很难长久留在魏国。"

武侯忙道："那如何是好？"

公叔笑道："我看，可以用嫁公主的话来试探他。如果他想长留魏国，必定爽快地答应娶公主；如果他无意久留，必定要千方百计地推辞。这样，就可以验证吴起的心意了。"

武侯想了想道："好，听你的，就这么办！"

然而，未等武侯和吴起见面，公叔就先邀请吴起到他家去做客。公叔的妻子也是一位公主，按照公叔事先的吩咐，故意在吴起面前显得十分骄横，对公叔轻视之至。

吴起心里愤愤不平："公叔贵为魏国宰相，公主不过是魏王女儿罢了，竟敢以公主之贵欺压宰相之尊，太不像话了。"两天后，魏武侯便向吴起提起娶公主一事，吴起先是惊讶，而后想到公叔妻子那飞扬跋扈的模样，自己难以承受，当然是敬谢不敏了。

可怜吴起，手握百万雄兵犹能游刃有余，却糊里糊涂地中了坏人暗箭。武侯见吴起推辞，心中起疑，不久，便随意找了个借口撤了吴起大将军之职。

所谓"落井下石者多，雪中送炭者稀也"，特别是当一个人从耀眼的光环上掉下来的时候，人人都巴不得上去踩两脚解恨。吴起怕遭更大迫害，只好离魏，再次远走他乡。

吴起是一代名将，然而每当他功成名就之时，都会遭小人暗算，他起伏跌宕的一生，充分地证明了提防暗箭的重要性。

提防暗箭不仅要靠智慧，更要靠自己灵活多变的做人方式，能够看清环境与人性能力的同时还要练就窥破别人心机的本事。

在生活中，谁都不愿意和小人打交道，可不管你愿不愿意，碰到坏人是难免的。所以，在与小人打交道时，一定要注意，因为那些生活在我们身边的小人，他们的眼睛牢牢地盯着我们周围所有大大小小的利益，随时准备多捞一份，为此甚至不惜一切代价，用尽各种手段来算计别人，真是让人防不胜防。

做人一定要聪明，保持必要的警醒，不要轻易得罪别人，特别是小人。否则，他们可能趁你不注意，在背后捅你一刀子，让原本美好的一生被他们捅得血迹斑斑。

要懂得避重就轻，绕道而行

刚刚工作不久的年轻人难免会有意气用事的时候，在工作中可能与自己的上司或领导产生一些纠葛和矛盾，这时候，就要学会冷静处理，千万不要因为一时冲动而意气用事。

许多时候，下级的冲撞会使领导下不了台，使领导的面子难堪。如果领导的命令确有不足，采用对抗的方式去对待领导，无疑会使他感到尊严受损，以敌意来对抗敌意。特别是在一些公开场合，领导是十分重视自己的权威的，或许他会表示可以考虑你的某些提议，但他绝不会允许你对他的权威提出挑战。

下级冲撞领导，一般都会使用比较过激的言辞，特别是一些很伤感情的过头话。这些话会像一把把尖刀直冲向领导的内心，这势必会惹得他怒火中烧，大发雷霆，视你为敌。在这种情形下，你可能是出于某种忠心才说的，但如言辞不当，反而会使领导认为你一直心怀不满。

领导往往有着很强的自尊心。行使权力、发布命令，使事情向着自己所预想的目标发展，都会给他带来这种感觉。而尊严是一个人最敏锐、最脆弱的感觉。因为它总是同一个人最本质的某些东西相联系的，侵犯尊严等于是对人的污辱和蔑视。这在自认为理所当然地享受人尊重的有权力的领导眼里，是绝对不能被容忍，更不能被谅解的。

对抗会使领导失去理智。一旦尊严受损，便觉得权威受到挑战。在感到面子狼狈不堪时，他会把事态看得十分严重，一时也不会考虑什么是非曲直，只有一味地宣泄。在此种情形下，领导一般都会十分激动，甚至是头脑发昏，恼羞成怒。失去冷静的判断，你就成了他的第一号敌人，过激行动常常会因此而发生。即使是当时比较克制，事后也会是越想越气恼，找机会报复你。

三国时，诸葛亮初展才华，火烧博望坡，杀得曹军大败。曹将夏侯惇对曹操说："刘备如此猖狂，真是心腹之患，不可不先下手为强，除掉他。"而曹操也认为，刘备、孙权乃自己统一天下之大障碍，所以决定发兵讨伐，扫平江南。

有一大夫，叫孔融，却是迂腐得很。他以刘备是汉室宗亲，孙权虎踞龙盘为名，称曹操是"兴无义之师，恐失天下之望"，因此惹得曹操大怒。孔融退出，仰天长叹："以最不仁义去讨伐最仁义者，怎么能不败呢！"结果该话被人听去，报告了曹操，于是曹操大怒，诛杀了孔融全家。

据说，早就有人对孔融说过："你这人刚直得有些过分了，这是你自取祸患的根本。"

孔融不谓才不高，但他未领会主人的意图和决心，出言不逊，特别是以"最不仁"来形容曹操，这怎么能不使曹操心怀懊恼，必欲杀之而后快呢！

所以，在与自己的领导或上司相处的过程中，说话时切勿激动，要时刻提醒自己，即使自己是对的，也要注意态度、方式方法和时机问题，不要冲撞对方，引起上级的怒火，使他怨恨于你。不要鸡蛋碰石头，要懂得避重就轻，绕道而行，才不会被碰得头破血流。

智者因人而异，因时而变

兵无常势，文无定法。做人也一样，要懂得因人而异，因时而变，遇方则方，遇圆则圆，方圆兼济，必有方圆人生。能因人、因势、因时而变，极尽中庸性格之精髓，才是做人的大智慧。

据说，当曾国藩平定太平军后，进京面圣，万人攒动，皆想一睹这位盖世功臣的风采，许多精通相术之人更是不会错过给这位湘军统帅相面的机会。可是，令人失望的是曾国藩竟是一个其貌不扬的糟老头。令相术之人费解的是曾国藩本应是奸臣短命之相，为何会有这等荣耀的命运？

不管传说是真是假，有一点是可以肯定的，这就是金陵攻克后，朝廷确实对曾国藩有了防范之心，倘若曾国藩不改变自己的性格，仍按照以前的性格办事，肯定会遭受不幸。因此说，曾国藩的确因改变性格而改变了命运。

曾国藩是方圆性格的典型代表之一，更是因改变性格而改变命运的人。

曾国藩在攻打太平军的12年历程中，并非一帆风顺，他数次战败，两次投水自杀，还有一次因害怕李秀成的大军袭击而数日悬刀在手，准备一旦失败，即行自杀。他虽然忠心耿耿，还是屡遭疑忌。在第一次攻陷武汉之后，捷报传到北京，咸丰帝大为高兴，赞扬了曾国藩几句，但咸丰身边的近臣说："如此一个白面书生，竟能一呼百应，并不一定是国家之福。"咸丰听了，默然不语。

曾国藩也知会遭人疑忌，便借回家守父丧之机，带着两个弟弟回家，辞去一切军事职务。过了近一年，太平军进攻盛产稻米和布帛的浙江，清廷恐慌，又请他出山，并委他兵部尚书头衔。于是他有了军政实权。不久，慈禧太后专权，认为满人无能，就重用汉人，这为曾国藩掌握大权提供了一个重要的历史契机。

同治元年（1862年），曾国藩被授予两江总督节制四省军政的权力，巡抚提督以下均须听命，不久又被赐予太子太保头衔，兼协办大学士。自此以后，曾国藩在清廷中有了举足轻重的地位。

曾国藩急流勇退的方式进一步获得了清廷的信任，取得了大权。在进攻太平军胜利以后，他仍然小心翼翼。由于曾国藩的湘军抢劫吞没了很多太平军的财物，使得"金银如海、百货充盈"的天京人财一空，朝野官员议论纷纷，左宗棠等人还上书弹劾。曾国藩既不想退出财物，也不能退出财物，在进京之后，因怕权大压主而退出了一部分权力，因怕湘军太多引起疑忌而裁减了四万湘军，因怕清廷怀疑南京的防务而建造旗兵营房，请旗兵驻防南京，并发全饷，并且还盖贡院，提拔江南士人。

这几策一出，朝廷上下果然交口称誉，再加上他有大功，清廷也不好再追究什么。他反而显示自己的恭谨态度，因此更加取得了清廷的信任，清廷又赏予其太子太保衔，赏双眼花翎，赐为一等侯爵，子孙相袭，代代不绝。至此，曾国藩荣宠一时。

曾国藩性格中的"方圆"，也可理解为"刚柔"。"刚"让他四次抗旨，以保湘军。曾国藩刚练水勇时，水陆两军约有万余人，这时若和太平天国的百万之师相抗衡，无异是以卵击石。因此，曾国藩为保护他的起家资本，曾四次抗旨朝廷。

"刚"是曾国藩性格的本色，如果他一味地刚硬下去，恐怕会确如相术之人所言，在攻克金陵之后便会命丧黄泉。然而，性格是可以改变的。虽然人们常说，"江山易改，本性难移"，但对一位勤奋读书的人来说，书里的真知灼见的确能令他时时惊醒，事事警惕。只要他持之以恒，性格无疑是可以改变的，理想性格无疑也可以锤炼而得。

如果说"方"即是"刚"，那"圆"必是"柔"。曾国藩性格中的"柔"是锤炼出来的，"柔"的性格使他改变了自己的命运，所谓"方圆人生，刚柔兼济"即此之谓也。

曾国藩曾写过一联："养活一团春意思，撑起两根穷骨头。"指的也是刚柔、方圆兼济。正是这种性格使他游刃于天地之间。

值得一提的是，曾国藩刚柔、方圆兼济的个性不是天生的，而是经过读书实践锤炼而得。正如他自己所说："人之气质，由于天生，本难改变，惟读书可以改变。"而所读不仅为有字之书，更为社会人生的无字之书。

从曾国藩的身上，我们可以充分学习到做人的圆通之道，懂得因势利导，随机应变，这种变通的做人方法说起来容易做起来难。所以，作为一个年轻人，还需要慢慢去历练和学习。

千万不要以自我为中心

在人际交往中，有一类人总是以自我为中心，这类人的典型表现：我的意志高于一切，别人都得服从我，并且还自以为是，为所欲为；喜欢强人所难，从不顾及他人内心感受。

自我中心主义者是绝对不会受人欢迎的。这些人往往是一些自负的人，过度的自信导致这类人视客观条件于不顾，一味主观臆断。在与人交往中，自我中心主义者常持狭隘、狂妄、偏执的不良心态。

分析自我中心主义者产生的原因，大概有这么几个方面：

（1）自恋狂

自我中心主义者通常在某方面有过人之处，如具有军事才能，或者是个科技奇才，或者是个神童。正是因为具有这种过人的禀赋，他才自视甚高，觉得别人都不如他，所以他顾影自怜。

美国心理学家埃里希·弗洛姆把人的自恋分为两种，一是良性自恋，一是恶性自恋。自我中心主义者属于恶性自恋。

（2）优越感

自我中心主义者或是有地位有金钱，或是因长相漂亮、有一技之长，而自觉高人一等。二战时期的希特勒就认为日耳曼民族是优等民族，他的自我中心主义膨胀，其结果就是发动了战争来表现他的自我中心主义。

（3）家庭教养

有一些孩子是自我中心主义者。这都是家庭社会教育的结果。当一个孩子呱呱落地时，他的周围站满了各式关心他的人——爷爷、奶奶、外公、外婆、爸爸、妈妈，在日后的养育过程中，他被视为家庭的中心、掌上明珠，久而久之，孩子就变成了一个"小皇帝""小太阳"，别人都得跟在他屁股后面围着他转了。

实际上，每个人都有以自我为中心的意识，只是表现程度不同罢了。不管其程度如何，这种意识都会成为体谅、理解别人的障碍。

假若在任何场合中，都只感觉到自己的存在，而常常忽略别人，或者根本就视别人如草芥，是绝对不会与他人建立良好的人际关系的。

有一个小伙子爱上了他的老师，他无数次地向老师表白，都被老师婉言谢绝了。老师还向他解释了无数理由，说明他们不能建立爱情关系，而只能是师生关系。

这个小伙子一贯是个自我中心主义者，他根本听不进老师的话，以为自己的选择是极为正确的，老师没有理由拒绝他，并顽固地认为我爱你是我的权利，我没有错，我应该得到回报。

在老师多次拒绝之下，这位小伙子采取下跪、写血书，甚至切脉来表达他的爱情，老师被他缠得又害怕又恐惧，痛不欲生，被他"爱"得心绪不宁，死去活来。后来学校出面调停，告诉他再纠缠老师就开除他。而老师怕对他的心灵造成负面影响，就悄悄地调走了。这个学生才渐渐地从自我中心的情绪中苏醒过来，为他的所作所为感到后悔。

自我中心主义者的这种性格特征，不仅不利于自己的身心健康，同时还危害、损伤着他人的利益。

自我中心主义者在生活中有很多类型。常见的有以下几类：

（1）父母

现在的父母除了干涉儿女的婚姻问题外，还从自我中心出发，干涉孩子的学习、爱好、工作、事业。

（2）上司

当官或做老大的通常会有一些自我中心主义者，唯自己的意志论，命令、要求下属干一些他们不愿干的事情，似乎不自我中心一下就体现不出做官的威严来。

（3）朋友

那种张口就求人而又从不体谅别人难处的朋友，他交友的目的只有一个：利用。如果用不上，他早就不跟你来往了。

（4）单相思者

上述那个小伙子就是这样比较典型的例子。他自我中心主义严重，在感情上强拉硬夺，丝毫不顾及对方感受。

自我中心主义者在人际交往中是不受欢迎的，所以应该克服这种性格特征。具体可以从以下几个方面努力：

（1）站在他人立场上想一想

自我中心主义者通常都只想到自己，想不到他人，这是自私自利的内心在作怪。强迫别人按照自己的意愿做事，一般情况下都不会如愿，除非你是操纵别人生死的人。

谁都不甘心被别人驱使，没有人会委曲求全做自己不乐意的事。强加意志于人的人，最后得到的只会是别人的反抗和背叛。

站在别人立场上，体会一下被指使来指使去的感觉，你就会明白为什么不能做独断专行的自我中心主义者。

（2）加强你的知识修养

有一句俗语，"无知者无畏"。无畏者即什么都不怕，自我中心主义者就相当于一个无畏者，只有加强知识、技能、人生素质修养，你才会认识到原先的自己是多么的狂妄、多么的自以为是，自己的自我中心是多么可笑。

（3）在失败中吸取教训

如果你的自我中心主义已经到了一意孤行的地步，蛮横、霸道、独断专行，那失败必然降临在头上。

楚霸王项羽就是个自我中心主义者，听不得别人的建议，致使手下的人都跑到刘邦那里寻求发展，可他仍然不吸取教训，最后只能是一次又一次地失败，自刎在乌江边上。

太平天国时期翼王石达开后来的自我中心主义导致了天国分裂、孤军深入四川大渡河，结果全军覆灭。

千万别做一个自我中心主义者，否则你会陷入一种既尴尬又失败的境地。

第六章

聪明深处是糊涂，
大智之人看似愚

　　真正的聪明人往往是大智若愚，难得糊涂，用糊涂掩饰聪明，绝不是耍小聪明，恃才傲物。真正的聪明人，也不怕吃亏，因为有时候吃亏未必是愚，而喜欢占便宜的人往往吃大亏。所以，做人不要机关算尽太聪明，还是糊涂一点好。

恃才放旷招人妒，大智若愚是上策

聪明是一笔财富，关键在于怎么使用。真正聪明的、有智慧的人会使用自己的聪明才智。他们深藏不露，不到火候时不会轻易使用，一定要貌似平常，不让人家眼红。一味地耍小聪明，时时处处显露精明，不仅不会帮助你取得成功，还往往是招灾引祸的根源。

《老子·八十一章》云："不自见，故明；不自是，故彰；不自伐，故有功；不自矜，故长。"这段话的意思：一个人不自我表现，反而显得与众不同；不自以为是，反而会超出众人；不自夸成功，反而会进步。又云："企者不立，跨者不行；自见者不明，自是者不彰，自伐者无功，自矜者无长。"这是说：那些盲目自傲、不宽容、耍小聪明、固执己见、自以为是、好大喜功的人在任何一方面都是很难成功的。

三国时的杨修就是一个看似聪明实际上却是一个愚蠢至极的人。刘备亲自打汉中，惊动了许昌，曹操率领40万大军迎战。曹刘两军在汉水一带对峙。曹操屯兵日久，进退两难，适逢厨师端来鸡汤。见碗底有鸡肋，有感于怀，正沉吟间，有一将入帐禀请夜间号令。曹操随口说："鸡肋！鸡肋！"将士便把这当作号令传了出去。行军主簿杨修即叫随行军士收拾行装，准备归程。众将大惊，请杨修至帐中细问。杨修解释说："鸡肋者，食之无肉，弃之有味。今进不能胜，退恐人笑，在此无益，来日魏王必班师矣。"大家信服，营中诸将纷纷打点行李。曹操知道后，怒斥杨修造谣惑众，扰乱军心，便把杨修斩了。

后人有诗叹杨修，其中有两句是："身死因才误，非关欲退兵。"这是很切中杨修要害的。

原来杨修为人恃才放旷，数犯曹操之忌。曹操兵出潼关，到兰田访蔡邕之女蔡琰。蔡琰字文姬，原是卫仲道之妻，后被匈奴掳去，于北地生二子，作《胡笳十八拍》，流传入中原。曹操深怜之，派人去赎蔡琰。匈奴王惧曹操势力，将蔡琰送回。曹操把蔡琰许配董祀为妻。曹操一日去访蔡琰，看见屋里悬一碑文图轴，内有"黄绢幼妇，外孙杵臼"八个字。曹操问众谋士谁能解此8字，众人都不能答。只有杨修说已解其意。曹操叫杨修先勿说破，让他再思解。告辞后，曹操上马行三里，方才省悟。原来此含隐语"绝妙好辞"四字。曹操也是绝顶聪明的人，却要行三里才思考出来，可见急智捷才远不及杨修。

曹操曾造花园一所。建成后曹操去观看时，不置褒贬，只取笔在门上写一"活"字。杨修说："门内添活字，乃阔字也。丞相嫌园门阔耳。"于是翻修。曹操再看后很高兴，但当知是杨修析其义后，内心已忌杨修了。又有一日，塞北送来酥饼一盒，曹操写"一合酥"三字于盒上，放在台上。杨修入内看见，竟敢与众人分食。曹操问为何这样？杨修答说："你明明写'一人一口酥'嘛，我们岂敢违背你的命令？"曹操虽然笑了，内心却十分厌恶。

曹操怕人暗杀他，常吩咐手下的人说，他好做杀人的梦，凡他睡着时不要靠近他。一日他睡午觉，把被蹬落地上，有一近侍慌忙拾起给他盖上。曹操跃起来拔剑杀了近侍。大家告诉他实情，他痛哭一场，命厚葬之。因此众人都以为曹操梦中杀人，只有杨修知曹操的心，于是便一语道破天机。凡此种种，皆是杨修的聪明犯着了曹操。

杨修至死也没有明白就是因为他的聪明会断送了他的性命。其实这只是小聪明，大智者心里明白而不随便表露出来，绝不表现得比别人聪明。如果杨修知道他的聪明会带来灾祸，他还会耍小聪明吗？所以他的愚蠢处就是不知道耍小聪明会带来灾祸。曹操对他的厌恶、疑心越来越深，他也没有意识到。这就是说，该聪明时他反倒真糊涂起来了。人们也许会说，杨修的死，关键在于曹操的聪明和多疑。但是，换了谁，作为上级也不大愿意让部下全部知道他的心思，他的用意。显然，杨修最终非死不可，正所谓"聪明反被聪明误"。

"身死因才误，非关欲退兵"，也只是说对了一半。他的才太外露了，从谋略来看，尚不是真才，不是大才，至少他不知道韬光养晦，不知道大智若愚，不知道保护自己。那么，除了灾祸降临，他还会有什么结果呢？曹操是何等聪明之人，在他跟前，笨蛋当然不会受到重用，才能太露也有"功高盖主"之嫌。所以，真正聪明的人会掌握"度"。"过犹不及"就是说，太聪明了反倒不如不聪明，实在是至理名言！

古往今来，得祸的人绝大多数都是精明的人，没有谁是因浑厚而得祸的。现在的人唯恐不能精明到极点，这就是之所以愚蠢的原因啊！

为人处事，一要虚心谨慎，切忌恃才放旷，无所顾忌；二要"胸有成府"，千万不要出不必要的风头。

117

真人不露相，懂得装糊涂

在为人处世的过程中，有时候要学会真人不露相，懂得装糊涂。原本胆大如牛，却表现得胆小如鼠；原本足智多谋，却表现得寡言讷语。目的只是为了蒙蔽对手伺机夺取主动权，让对手防不胜防，制造出其不意的效果。

有这样一个故事：日本航空公司与美国航空公司要洽谈一项合作项目，日方派了三名代表与美方谈判。作为卖方的美国公司，为了抓住这次绝好的商业机会，在众人中挑选了几名最精明干练的高级职员组成谈判小组。

谈判的流程并不像常规的谈判方式那样双方进行交涉，谈判刚一开始美方就宣传自己的产品。他们将产品宣传图像和一些宣传资料贴满了整个谈判室，而且花费两个半小时，利用三台幻灯，按照好莱坞电影的方式放映了公司产品的介绍。其目的有二，一是向对方展示自己公司的强大实力，二则是想向三位日本代表作一次精妙绝伦的产品简报。放映过程中，日方三名代表全神贯注地观看着精彩的产品展放。

放映结束后，美方代表得意扬扬地站起身打开电灯。此时，在他们脸上就可以发现得意的笑容，流露出取得谈判胜利的信心。他毕恭毕敬地走向日方的三名代表，说："请问，你们是如何看待我们公司的产品的？"不料其中一位日方代表不解地说："我们还不懂贵公司的意思。"这句出乎意料的回答大大伤害了美方代表的心，笑容顿时凝结在脸上，一股愤怒之火正在往头上升。他稳定了一下情绪继续问："你们没有看懂？哪里不懂？我们可以加以解释。"日方代表彬彬有礼地说："实在抱歉，我们全部不懂。"美方代表强忍着心中的怒火，似笑非笑地问："那你们是从什么时候开始不懂的？"日方代表表现出一副愚钝的神情说："自始至终我们就没有弄明白你们的用意。"听完日方代表的这句话，美方代表受到了严重的打击。可是，为了顾全大局，考虑到公司的利益又不得不重新放映宣传片，这一次的速度明显比上一次要慢得多。

影片放完后，美方代表再次问日方代表说："这一次总该明白了吧！"三名日方代表若无其事地一口回答："我们还是不懂。"美方代表彻底失去了信心，他解开束缚已久的西服纽扣，声音低沉地说："你们到底希望我们怎样做？"这时，日方的一位代表慢条斯理地站了起来，说出了他们的条件。由于美方代表受到了严重的挫伤，以至于稀里糊涂的就答应了对方的条件。结果，日方大获全胜，日方公司无一不为这次精彩的谈判叫好。

懂得装糊涂，不仅可以为自己寻找机会，还可以消磨对方的信心与斗志，在谈判过程中占据有利位置。

将有示为无，明明聪明非要装糊涂，实为清醒却装醉。虽然很想得出结果，却不表明心迹，然后静待时机，待对方筋疲力尽时给对方一个措手不及。

一次日本某个公司欲与美国一家公司进行合作，双方进行贸易谈判。谈判刚一开始，美方代表急于求成没完没了地说个不停，想立刻与对方达成协议。日方代表见此情况却一言不发，只是将美方代表的发言全部记录下来，就这样双方结束了第一次谈判，各回各自的国家了。

一个半月后，日本公司又换了几名代表与美方继续上一次的谈判。谈判开始后，日方代表似乎根本不知道以前谈判进展到了什么阶段，商谈的内容是什么，所以只好从头开始。美国代表和上次一样，依然是滔滔不绝、口若悬河，而日方代表则又带着美方的笔记回国了。

又过了一个半月，双方代表再次相见，可这次还是没有任何进展，日方代表依然是故伎重演，记下了大量笔记回国了。

接下来的谈判与以往的同出一辙。转眼半年过去了，商谈还是没有任何结果，使得美方"丈二和尚摸不着头脑"，他们抱怨日方根本没有与他们合作的诚意，认为日方在和他们开玩笑。

正当这时，日方公司派代表要求与美方进行谈判。这一次的谈判日方代表一反常态，对此次交易作出了决策，美方代表在毫无思想准备的情况下显得十分被动，损失不小。

这种寻找恰当的时机，在对手防备心理降低的情况下给对手以措手不及，往往可以使事情向自己预想的方向发展。商场上，大多数商家都在用"糊涂"来掩对方耳目，实际上，糊涂背后蕴藏着重大心机，他们在等待时机试图给对方以致命一击。

原本聪明而装作糊涂，可助人一臂之力；而原本糊涂反装聪明，这样只会把自己投进尴尬的境地，成为别人的笑料。所以在为人处世的过程中，要恰当地把握，让自己在人际关系中游刃有余。

真正的聪明人懂得装傻

生活中，有些人总是喜欢显示自己是个有想法且聪明胜于别人的人，搭上话就针锋相对，无论别人说什么，他总要加以反驳，不过当你说"是"时，他一定要说"否"，当你说"否"的时候，他又说"是"了。事事要占上风，纯粹是一个失败者。

即使真的聪明，也不应该以这种态度去和别人说话。这种不良习惯使他自绝于朋友和同事；没有人愿意给他提意见或建议，更不敢向提一点忠告。这种坏习惯，导致朋友、同事们都离他而去。

改善的方法是养成尊重别人的习惯。首先要明白，在日常谈论中，自己的意见未必是正确的，而别人的意见也未必就是错的。把双方的意见综合起来，至少有一半是对的。那么，为什么每次都要反驳别人呢？有这种坏习惯的人当中，聪明者居多，或者是些自作聪明的人，也许是太热心，想从自己的思想中提出更高超的见解，以为这样可以使人敬佩自己，但事实上完全错了。

一些平凡的事情，是没有必要费心做高深的研究的，既然不是在研究讨论问题，又何必在一些琐碎的事情上固执己见呢？另外有一点也应该注意，那就是在轻松的谈话中不可太认真了。

别人和你谈话，他根本没有准备请你说教，大家说说笑笑罢了。你若要硬作聪明，拿出更高超的见解，对方也绝不会乐意接受的。所以，你不可以随时表现出像要教训别人的神气。

当你的同事向你提出建议时，你若不能立刻表示赞同，起码要表示可以考虑，不可马上反驳。假如你的朋友和你聊天，那更应注意，太多的执拗能把有趣的谈话变得枯燥乏味。

如果别人真的犯了错误，而又不肯接受批评或劝告时，也不要急于求成，不妨后退一步，把时间延长一些，隔几天再谈。否则，大家固执己见不但不能解决问题，反而会伤害了感情。

因此，最聪明的做法就是表现得谦虚些，尊重别人的想法，随时考虑别人的意见，不要做一个固执的人，应当让人们都觉得你是一个可以交谈的人。大量事实说明，人们谈话时都有一个目的：想知道别人对某件事的看法是否和自己相同。他们希望别人也能和自己一样对某件事情有相同的看法，如果别人的看法与自己的看法略有不同或大不相同，你也应该显得对此很有兴趣。

当你听到别人的意见和你一样时，你要立刻表示赞同，不要以为这样做会被人认为你是随声附和，因而就不吭声了。不吭声，虽然不会被人误解为随声附和，却容易使人认为你并不同意。

同样地，当你听到别人的意见和自己不一致时，你也要立刻表示你什么地方不同意、为什么不同意，不要以为这样会伤害彼此的感情而不吭声。因为"心机"也是一种胸怀，一种从容和大度，如果这两样你都不被别人承认的话，那只能是做人的失败。

善于掩藏锋芒，以免成为众矢之的

老子有言：大巧若拙，大辩若讷。意思是说真正有才华的人不显露自己，表面上好像很笨拙，善辩的人表面上好像很木讷。言外之意是智慧的人虽然有无限的才华，但会掩饰自己的锋芒，藏己于众，适时一用，令人刮目相看，众人敬仰。

《红楼梦》中有副对联：世事洞明皆学问，人情练达即文章。"世事洞明"是指在为人处世中要洞察世事之缘由；"人情练达"是指人情世故熟练通达。这既是封建世家所推崇的处世哲学，也是当今社会所需要的为人技巧。芸芸众生共同编织着一张复杂的社会关系网，要想不被人情关系旋涡所吞噬，必须要学会自我保护。

我们需要懂得一个道理，大千世界，每个人都想超越别人、出类拔萃，但是别忘了，有句话叫"枪打出头鸟"。如果一个人功高盖世、能力超群，又不懂得收敛锋芒，祸端也就离他不远了。所以说有了才华固然很好，但是懂得如何运用才是重中之重。

太有才华的人很容易遭人嫉恨和非议，招惹祸端。历史上和现实生活中的这种例子并不少见。乾隆皇帝自称"十全老人"，精通诗词书画，他经常在上朝的时候出些诗词考问群臣，百官畏惧于皇上的龙威，有时候明知诗词的粗糙和破绽，也装着挠首搔耳地冥思苦想，更有甚者恳求龙恩再思索3天。难道科举出身的满朝文武百官真的没有才华吗？其实他们是深谙免惹是非的处世之道。

有这样一个年轻人，他毕业于名牌大学，拿了很多证书。凭着自己的才华和善辩，他轻松被聘入一家单位工作。可到工作单位以后，他自以为有才学有文凭，在不了解实情细节的情况下就开始对公司各种规章制度指手画脚，评头论足。有一次开会的时候，领导提出了一个方案，他立即对该方案进行反驳，并提出了很多意见。上司表面上很高兴，还赞赏他"积极上进"，但内心却对他非常不满，没有多长时间，公司就找了个借口把他辞退了。由此可见，外露的聪明远不如深藏的智慧有实际意义。

俗话说："言多必失，祸从口出"。切斯特菲尔德也说过："要比别人聪明，但不要让他们知道。"人们往往更喜欢忠实的听众，厌恶喋喋不休的人。静静地听人诉说，默默地在内心思考，把握事情的来龙去脉，搞清楚事情的缘由。沉默是金，出言过于随便，往往给人一种不可靠感和不信任感。说了千言万语，也许还不如动一下手的作用大，所以说，有时候多言从某种意义上来说是一种肤浅的行为，而适当地保持沉默则是涵养的象征。

人际交往中，一定要多思考，遇事多个心眼，少一些言语。这样才会处世通达，左右逢源。如果一味做语言上的巨人，行动上的矮子，那么最终的结果只能是处处碰壁。

老子评价孔子说："君子盛德，容貌若愚。"盛德是指人的才华。这句话的意思是说孔子虽然是才华横溢，但却貌似愚鲁笨拙。在通常情况下，要克制自己显露才华的欲望，保持谦虚谨慎的心态，免除招致别人嫉妒陷害的可能。在必要的时候适当地展示才华，将会赢得别人的好感，进而受人尊敬。钢极易折，不分场合地展露锋芒，不分青红皂白地显露其锐气，那结果可想而知。

现实生活中，有太多的人爱要小聪明，卖弄才情，这样的人很容易招致祸端。经常要小聪明的人总有一天会被人识破，容易引起别人的反感。没有人愿意和经常要小聪明、自以为是的人一起做事。要小聪明的人常常不会谦虚谨慎、脚踏实地的干活，他们只会滔滔不绝、夸夸其谈，最终也成不了大气候。而真正聪明的人能恰到好处地运用聪明和智慧，从而起到事半功倍的效果。

所以，还是不要太自以为是，以谦虚谨慎、不耻下问的心态做人，以大愚中有大智、木讷中有精明的方式处世才是明智的选择。对于下级过错的宽容，从某种意义上来说可能是为了得人之心，使他们能够从内心深处愿意为老板多出力气。有时候生活需要自我麻醉，不是自欺也不是无奈，而是一种明智的选择，一种生存之道。

人非圣贤，谁都会有过失。但是面对过失时，智者和愚者却有各自不同的做法。犯了错误之后，愚者是一遍遍地诉说他的动机、推卸责任，但智者更多的是静下心来分析错误的原因、寻求解决之道。因为他们明白，错误每个人都会犯，问题的关键是会不会再犯类似的错误，从已经发生的错误中能学到什么。

藏其锋芒，收其锐气，多思考多办事，少大吹大擂，夸夸其谈，做到"大愚中有大智，木讷中有精明"，那么你将会有一个幸福、快乐而又成功的人生。

有时候吃亏是福

中国有一句流传很久的话："好汉不吃眼前亏。"可有些时候，要吃"眼前亏"，这也是为人处事的一种方法。

人活在世，不能总是想着占便宜，有时候吃点亏也未必就是坏事。"失之东隅，收之桑榆"，处世行事，一定要懂得吃亏的哲学。

一个人如果愿意吃小亏、敢于吃小亏，不去事事占便宜、讨好处，那么通常都会广结人缘获得成功。相反，那种事事处处要占便宜、不愿吃亏的人，到头来反而会吃大亏。

春秋末年，齐国的国君横征无度，苛捐杂税严重，害得民不聊生。田成子看到这种情况后说："公室用这横征暴敛的手段，榨取民脂民膏，'取之犹舍也'。"于是他就派人做了大小两种斗，把自己粮食用大斗借给饥民，用小斗回收还来的粮。田成子这种惠民的政策深得民众拥护，于是纷纷前来投靠田成子，给田成子种地。一时民归如流水，最终齐国国君宝座为田氏家族所得。史学家范晔说："天下皆知取之为取，而不知与之为取。"其实，田成子看似失去了很多粮食，吃了大亏，但是他得到了比粮食更重要的人心。得与失是相互转化的，失只是一时的，伴随失去而来的就会是收获。

无独有偶，孟尝君也是一个尝到了"吃亏"甜头的君子。冯谖是孟尝君门下的一个谋士，感动于孟尝君在自己落魄时候的真诚相待，决心为孟尝君效力。

一次，孟尝君要派人到封地薛邑去收租，问谁肯去。冯谖便自告奋勇说他愿意去。临走的时候，冯谖问孟尝君回来时要买点什么，孟尝君就告诉他说你看家里缺点什么就买点什么吧。于是冯谖就去了薛地。到达以后，他把民众召集到一起，对大家说：孟尝君知道大家生活困难，所以特意派我来告诉大家，以前欠的债一律作废。

百姓都目瞪口呆，怎么也不相信。冯谖为了使大家相信，当着百姓的面把债券烧了。百姓都感动得跪下，高呼孟尝君是好人。冯谖两手空空回来了，并报告说债已收毕。孟尝君很高兴，问他买了点什么回来。冯谖说买了"义"回来，接着便讲了事情的来龙去脉。孟尝君听后很不高兴，说："好你的义！"

数年以后，孟尝君被谗言所害，逃回薛地。薛地的百姓成群结队地走数里来迎接孟尝君。此时，孟尝君才真正体会到冯谖给他"种"下的义。所以说，好与者，必多取。暂时的损失，会带来更大的收获，敢于吃亏并不是愚蠢的行为。

商场如战场，要想在当今的这个竞争激烈的商战中取得胜利，懂得"吃亏"也非常重要。美国的亨利·霍金士是国际著名的企业家。

亨利·霍金士性格淳朴厚道，他的成功很大一部分在于他性格上的这种诚实可靠。亨利·霍金士在经营食品加工的初期，美国的《纯正食品法》还没有制定，于是有不少食品加工企业往食品里面加东西，加了东西之后的食品色艳味佳，深得人们的青睐，所以销售非常好。但是加的这些东西却严重危害人们健康，所以亨利·霍金士一直坚持自己的原则，不往里面加东西，如果一定要加东西，必定要经过专家的验证，保证所加的东西绝对对人体无害。

亨利·霍金士的这种做法，遭到同行们的非议，同时也影响到自己企业的效益。后来经过验证，防腐剂对人体有严重的危害。结果公布以后，引起轩然大波。因为防腐剂在食品的存放与保鲜之中的添加已成为一种习惯，消费者食用了太多的含防腐剂的食品。为了保护自己的利益，很多食品加工企业联合起来，举行了声势浩大的集会，说亨利·霍金士别有用心，因为报告是他发布的。他们还联合起来在业务上排挤亨利·霍金士，想把他彻底打倒。这确实给亨利·霍金士的企业带来不小的打击，可谓吃了不小的亏。但是美国《食品纯正法》的颁布，给亨利·霍金士的公司带来了生机。他加工的食品深受顾客的信任，事业逐步发展壮大，步入了黄金时代。

日常生活中，太多的人不懂得吃亏，遇事要忍一忍，即便是先吃点小亏也无妨。如果每一件事情都权衡得失，吃亏的事情一点不干，这样的人才是真正的愚者。

当你在人性的丛林中碰到对你不利的环境时，千万别逞血气之勇，也千万别认为"可杀不可辱"，吃吃眼前亏，这样或许能全身而退。

占小便宜吃大亏

《老子》中说："名与身孰亲？身与货孰多？得与亡孰病？甚爱必大费，厚藏必多亡。故知足不辱，知止不殆，可以长久。"是讲人的一生之中，名誉、名声和生命到底哪个更重要呢？生命与财物相比，何者是第一位的呢？得到名利地位与丧失名利相衡量起来，哪一个更有害，哪一个又是真正的丧失呢？过分追求名利地位就会付出很大的代价。你有庞大的储藏，一旦有变则必然是巨大的损失。对于追求名利地位这些东西，要适可而止，否则就会受到屈辱，丧失你一生中最为宝贵的东西。

老子的话极具辩证法思想，告诉我们应该站在一个什么样的立场上看得失的问题。也许一个人可以做到虚怀若谷，大智若愚，但是事事吃亏，总觉得自己在遭受损失，渐渐地就会心理不平衡，于是就会计较自己的得失，再也不肯忍气吞声地吃亏，一定要分辨个明明白白。结果朋友之间，同事之间是非不断，自己也惹得一身怨气，而所想到的也照样没有得到，这是失的多还是得的多呢？

春秋战国时期的宓子贱是孔子的弟子，鲁国人。有一次齐国进攻鲁国，战火迅速向鲁国单父地区推进，而此时宓子贱正在做单父宰。当时也正值麦收季节，大片的麦子已经成熟了，不久就能够收割入库了，可是战争一来，这眼看到手的粮食就会让齐国抢走。当地一些父老向宓子贱提出建议，说："麦子马上就熟了，应该赶在齐国军队到来之前，让咱们这里的老百姓去抢收，不管是谁种的,谁抢收了就归谁所有,肥水不流外人口。"另一个也认为:"是啊,这样把粮食打下来,可以增加我们鲁国的粮食。而齐国没有粮食自然不会坚持多久。"尽管乡中父老再三请求,宓子贱还是坚决不同意这种做法。不久,齐军把单父地区的小麦一抢而空。

为了这件事,许多父老埋怨宓子贱,鲁国的大贵族季孙氏也非常愤怒,派使臣向宓子贱兴师问罪。宓子贱说:"今中没有麦,明年我们可以再种。如果官府这次发布告令,让人们去抢收麦子,那些不种麦子的人则可能不劳而获,得到不少好处,单父的百姓也许能抢回来一些麦子,但是那些趁火打劫的人以后便会年年期盼敌国的入侵,民风也会变得越来越坏,不是吗?其实单父一年的小麦产量,对于鲁国强弱的影响微乎其微,鲁国不会因为得到单父的麦子就强大起来,也不会因为失去单父这一年的小麦而衰弱下去。但是如果让单父的老百姓,以至于鲁国的老百姓都存了这种借敌国入侵能获取意外财物的心理,这是危害我们鲁国的大敌,这种侥幸获利的心理难以整治,那才是我们几代人的大损失呀!"

宓子贱自有他的得失观,他之所以拒绝父老的劝谏,让入侵鲁国的齐军抢走了麦子,是认为失掉的是有形的、有限的那一点点粮食,而让民众存有侥幸得财得利的心理才是无形的、无限的、长久的损失。得与失应该如何取舍,宓子贱作出了正确的选择。要忍一时的失,才能有长久的得,要能忍小失,才能有大的收获。

中国历史上很多先哲都明白得失之间的关系。他们看重的是自身的修养,而非一时一事的得与失。春秋战国时期的子文,担任楚国的令尹。这个人三次做官,任令尹之职,却从不喜形于色,三次被免职,也不怒形于色。这是因为他心里平静,认为得失和他没有关系。子文心胸宽广,明白争一时得失毫无用处。该失的,争也不一定能够得到,越得不到,心理越不平衡,对自己毫无益处,不如不去计较这一点点的损失。

患得患失的人总是把个人的得失看得过重。其实人生百年,贪欲再多,官位权势再大,钱财再多,也一样是生不带来死不带走。处心积虑,挖空心思地巧取豪夺,难道就是人生的目的?这样的人生难道就完善,就幸福吗?过于注重个人的得失,使一个人变得心胸狭隘,斤斤计较,目光短浅。而一旦将个人利益的得失置于脑后,便能够轻松对待身边所发生的事,遇事从大局着眼,从长远利益考虑问题。

例如，南朝梁人张率，12岁时就能做文章。天监年间，担任司徒的职务，他喜欢喝酒。在亲安的时候，他曾派家中的仆人运3000石米回家，等运到家里，米已经耗去了大半。张率问其原因，仆人们回答说："米被老鼠和鸟雀损耗掉了。"张率笑着说："好大的鼠雀！"后来始终不再追究。

张率不把财产的损失放在心上，在于他的为人有气度，同时也看出来他的作风。粮食不可能被鼠雀吞掉那么多，只能是仆人所为，但追究起来，主仆之间关系僵化，粮食还能收得回来吗？粮食已难收回，又造成主仆关系的恶化，这不是失的更多、更大吗？同样，唐朝柳公权，他家里的东西总是被奴婢们偷走。他曾经收藏了一筐银杯，虽然筐子外面的印封依然如故，可其中的杯子却不见了，那些奴婢反而说不知道。柳公权笑着说："银杯都化成仙了。"从此不再追问。

《老子》中说："祸兮福之所倚，福兮祸之所伏。"得到了不一定就是好事，失去了也不见得是件坏事。正确地看待个人的得失，不患得患失，才能真正有所得。人不应该为表面的得到而沾沾自喜。认识人、认识事物，都应该是认识其根本。得也应得到真的东西，不要被虚假的东西所迷惑。失去固然可惜，但也要看失去的是什么，如果是自身的缺点、问题，这样的失又有什么值得惋惜的呢？

用糊涂掩饰内心的聪明

做人要精明，但最好不要表现得太过于明显。真正的聪明人都懂得用糊涂的表面来伪装内心的聪明，不轻易被别人看破。因为，越是聪明的人越知道处世的艰难，容易招致别人的嫉妒，最后为自己的聪明付出代价。

一个城里人和一个乡下人一起坐车。城里人看起来很体面，而乡下人却很老实。城里人一路冷嘲热讽的，乡下人只是笑笑。过了一会儿，城里人为显示自己的聪明，又说："我们猜猜谜语吧！每人出一个谜语，谁要是猜不出来就给对方十块钱，怎么样？"

乡下人还是笑了笑，说："这样不太公平，你是城里人，一看就比我聪明，我肯定要吃亏的。我先出谜语，你来猜，如果你没有猜出来，你付我十块钱，你出的谜语，我要是猜不出来，我给你五块钱，你看这样行吧，城里人心想："凭你个糊涂的乡下人还能比我聪明？你就等着输钱吧。"于是点着头说道："不许反悔！"

乡下人出谜："什么东西三条腿，还能在天上飞？"

城里人想了一想，没有猜出来，便给了乡下人十块钱。然后他反问道："什么东西三条腿，还能在天上飞？"

乡下人说："你出的谜语好难呀！我也猜不出来。"一边说，一边给城里人递去五块钱。

城里人真比那个乡下人聪明吗？这也许不好下定论，不过大家可以看到，他们比赛的结果是城里人白白输了五块钱。而那个乡下人却是表面糊涂，内心聪明，是个真正会做人的人。

人人都希望自己聪明，但是，真正聪明的人不是时刻都要表现给人看的。糊涂，而且是佯装糊涂，是一般人很难做出来的。但是，它的确是成功做人的一种方式。而且，有时候表面的糊涂也是迷惑他人的一个手段，可以给自己减少麻烦。

明武宗南巡时，扬州知府蒋瑶感到非常为难，因为他是个清廉的官员，平时也没有多少积蓄，接待圣驾的确是个难事。而且他平时做人刚正，不肯巴结皇上身边的人，自然少不了有人嫉恨他。

这天，喜好钓鱼的明武宗正好钓到一条大鱼，想找个人卖掉。御钓之鱼当然不是常人所能买得起的，那些小人一看机会到了，就对皇帝说："这条鱼卖给扬州知府最合适了。"明武宗听了，真的把蒋瑶叫来，要他买下。

蒋瑶听到这消息非常为难。怎么办呢？自己没有钱，再说皇上的鱼给多少才合适呢？最重要的是还不能和皇上斗智，否则冒犯了龙颜，落入了小人的圈套。

蒋瑶想了想说："我回家拿钱去。"过了一会儿，他取了妻子的首饰和几件好一点的衣服，跪在地上献给皇帝，说道："皇上的鱼乃无价之宝，臣这里只有妻女的一些首饰和衣物，臣真该死。"皇帝看蒋瑶一副狼狈的样子，反倒高兴了起来。

这里蒋瑶就是运用了表面装糊涂的方法，这也正体现了他的聪明睿智。试想，他拿着妻女的一些首饰和衣物去买皇上的鱼，充其量就是出回洋相而已，而如果他想要小聪明，那肯定是难逃小人的算计，其后果是可想而知的。

胡适先生曾说："凡是有大成功的人，都是有绝顶聪明而肯做笨功夫的人。"而那些有点小聪明就自以为是的人，恐怕永远也参不透其中的奥妙。

过于较真累己累人

做人，是非分明固然很好，但有时候固执过头，就是钻牛角尖了。在生活中，很多原则是需要坚持的，但是够得上是原则的事情也并没有那么多，想要和谐的与别人相处，营造一个轻松快乐的氛围就要懂得装点糊涂，凡事不可太较真。

第二次世界大战中，美国小罗奇·福特领导的一个小组，在中途岛之战时成功地破译了日本人的密码，得到了日军海上作战部署的确切情报，并有针对性地进行了作战准备。谁知，就在成功在即之时，美国一位新闻记者得到了这一绝密情报，而他竟然不顾作战机密，将其作为独家新闻在芝加哥一家报纸上发表了。这样一来，随时都可能引起日本人的警觉而更换密码和调整作战部署。

发生了如此严重泄露国家战时情报的事件，作为美国战时总统的罗斯福却对此置若罔闻，既没有责成追查，也没有兴师问罪，更没有因此而调整军事部署，而是装得一概不知的糊涂样子。结果事情很快就烟消云散了，就像什么事也没发生一样，根本没有引起日本情报部门的重视。在中途岛战役中，美军靠"糊涂"占到了大便宜。

试想，如果罗斯福一定要把泄露机密事件查个水落石出的话，那么，其结果可能是记者受到了应有的惩罚，而此次作战计划却落空了。聪明的人不是不知道原则，也不是不懂得是非，而是他们更看得清得失，看得到真正价值的所在。

另外，做人糊涂还有很多好处，比如让自己活得开心，暗示别人，甚至还能解救他人。

宋高宗时，有一次宫廷厨师煮的馄饨没有熟，皇帝一气之下，下令将那个厨师打入大狱。没过多久，在一次演节目时，两个演员扮作读书人的模样，互相询问对方的生日时辰。

一个说"甲子生",另一个说"丙子生"。这时又有一个演员马上来到皇帝面前控告说:"这两个人都应该下大狱。"皇帝觉得蹊跷,问是什么原因。这个演员说:"甲子、丙子都是生的,不是与那个馄饨没煮熟的人同罪吗?"

皇帝一听大笑起来,知道了他的用意,就赦免了那个"馄饨生"的厨师。

如果这几个人直接向皇帝谏言,那就是和皇帝"较真",很可能触怒龙颜。而这种错误的推理具有很强的荒诞性,通过这种"糊涂"的方法,含不尽之意于言外,会使人在含笑中明确是非,从而达到糊涂的真正目的。让皇帝自己去参悟其中的道理,既给了皇帝面子,又达到了办事的目的,不是很好的方法吗?

有个爱缠人的先生盯着小仲马问:"您最近在做些什么?"

小仲马平静地答道:"难道您没看见?我正在蓄我的胡子。"

胡子是自然而然长的,小仲马故意把它当作极重要的事情,显然是所答非所问。小仲马表面上好像是在回答那位先生,其实就是在用"糊涂"策略。小仲马自然是懂得对方问话的意思,但他偏要答非所问,用幽默暗示那人:不要再继续纠缠。

一个人如果对什么事情都较真,那么最终会遇到很多的麻烦和产生很多的烦恼,让自己感到累也让周遭的人感到累,最后把自己陷入死路,一事无成,所以做人不要太较真。

不要自以为聪明

把自己当成聪明人,或者是自作聪明的人,不仅会让人觉得可笑,还会让自己吃大亏。因为卖弄自己的人,恰恰就是最愚蠢的人。

一个总觉得自己很聪明的人去酒吧,叫了一杯啤酒慢慢品尝。喝到一半,他想上洗手间,可是又怕酒被别人喝掉。于是,他向服务生借了笔和纸。在纸上写道:我在杯里吐了一口痰。然后,这个自作聪明的家伙放心地走了。

他回来后,发现酒还在那里,觉得自己真是聪明至极。但是,他很快发现字条上多了几个字:我也吐了一口!

把自己当成聪明人的同时，总以为别人都不如自己，以为按照自己的计谋，必定不会吃亏。可是，就像这个笑话里的聪明人一样，结果往往并非如此，吃亏的人恰恰就是自己。

战国时期，魏王的异母弟弟信陵君，名列当时著名的"四公子"之一，知名度极高，因仰慕信陵君之名而前往的门客，达3000人之多。

有一天，信陵君正和魏王在宫中下棋，忽然接到报告，说是北方边境升起了狼烟，可能是敌人来袭了。听到这个消息，魏王立刻放下棋子，就要召集群臣共商退敌事宜。而信陵君却一点儿也不惊慌，他阻止魏王道："大王先别着急，也许是邻国君主行围打猎，我们的边境哨兵不知道，误以为敌人来袭，所以升起狼烟，以示警戒。"

过了一会儿，又有人来报，说刚才升起狼烟报告敌人来袭是个误会，事实上是邻国君主在打猎。

于是魏王很惊讶地问信陵君："你怎么知道这件事情？"信陵君非常得意地回答："我在邻国布有眼线，所以早就知道邻国君王今天会去打猎。"

从此，魏王对信陵君逐渐疏远了。后来，信陵君被别人诬陷，失去了魏王的信赖，一直郁郁不得志，晚年耽溺于酒色，终致病死。

任何人知道了别人都不晓得的事，难免会产生一种优越感，对于这种别人不及的优点，我们必须隐藏起来，以免招来不必要的灾祸，像信陵君这样有才能的人，因一时不知收敛而导致终身遗憾，岂不可惜？

齐国一位名叫隰斯弥的大臣，住宅正巧和齐国权贵田常的府邸相邻。田常为人城府很深，野心极大，后来欺君叛国，挟持君王，自任宰相执掌大权。隰斯弥虽然怀疑田常居心叵测，不过他依然保持常态，丝毫不露声色。

一天，隰斯弥前往田府拜访。田常接待他之后，破例带他到府中的高楼上观赏风景。隰斯弥站在高楼上向四面瞭望，东、西、北三面的景致都能够一览无遗，唯独南面视线被隰斯弥院中的大树所阻挡，于是隰斯弥清楚了田常带他上高楼的真实用意。

隰斯弥一回到家中，就立刻命人砍掉那棵阻挡视线的大树。正当家丁开始砍伐那棵树的时候，隰斯弥突然又命令家丁立刻停止砍树。家人感觉非常奇怪，就问他为什么。隰斯弥回答道：

"俗话说'知渊中鱼者不详'，意思就是能看透他人的秘密，并不是好事。现在田常正在密谋大事，最怕别人看穿他的心事，如果我按照田常的暗示，砍掉那棵树，就会让田常感觉我机智过人，对我自身的安危有害而无益。不砍树的话，他最多对我有些埋怨，嫌我不能善解人意，但还不致招来杀身大祸。所以，我还是装一下糊涂，保全性命要紧。"

人太聪明，知道的太多会惹祸，这也是聪明人的一种明哲保身之法。现实生活中的我们也要注意此点，不要让对方发觉你已经知道了他的秘密，否则你会因此而受到伤害。不过，如果故意要使对方知道你能看穿他心意的话，当然就不在此限之内。

愚钝是做人的大智慧

在为人处世中，有些人巧妙地利用在他人心目中制造自己"愚钝"和"低能"的假象，骗过了无数聪明的当事者。真应了那句名言："愚蠢者最聪明，聪明者最愚。"

蜀后主刘禅是中国历史上一个人人熟知的人物。他之所以有名，并不是因为他能干，而恰恰是因为他"无能"。按照通常的说法，此人是个典型的低能人物。关于他，有许许多多带有侮辱性的传说，以至于后来连他的乳名"阿斗"也成了呆笨无能的代名词。

那么，刘禅究竟是个什么样的人呢？从自保的角度而言，他乃是个大智若愚的非凡之才。

公元263年5月，曹魏大举攻蜀，蜀国兵力不敌，刘禅被迫投降。由于刘禅的"识时务"，因而受到敌方的优待。次年，刘禅被迁北上，来到洛阳。

到了洛阳之后，刘禅发现事情有些微妙：曹魏封他为安乐公，而曹魏的实权派人物、刚刚被晋封为晋王的司马昭对他却外信内疑，怀有戒备心理。因此，这位人称阿斗的蜀汉后主决心利用自己的"愚钝"姿态来自保。

不久，司马昭设宴招待刘禅。席间，特请人演出蜀地技艺，由于司马昭的暗中布置，有些人假做触景生情状，忍不住暗暗抽泣。坐在司马昭身旁的刘禅本也应哀伤于心，但他看见司马昭那阴晴不定的面孔，一下子提高了警惕，因而强充笑脸，嬉笑自若。见此，一向对刘禅怀有戒心的司马昭放下心来，悄悄对他的亲信贾充说："人之无情，乃至于此。虽使诸葛亮在，不能辅之久全，况姜维邪？”一向被称为清客的贾充凑趣地说：“不如此，公何由得之！”技艺终了时，司马昭戏问刘禅：“颇思蜀否？”一惊之后，刘禅答道：“此间乐，不思蜀也！”

这句话居然骗过了司马昭，但与刘禅一起降魏的旧臣欲正认为他“愚”得还不到位。宴会之后，欲正对刘禅进言说：“主公方才的答话有些不妥。如果以后司马公再问您这类话，您应该流着眼泪，难过地说：‘祖先的坟墓都在蜀地，我怎能不想念呢？’”思索了片刻，刘禅点了点头。

几天以后，疑心仍未完全消除的司马昭又一次问起刘禅是否想念故国。按照欲正的指教，刘禅背出了那几句话，并装作一副悲伤的样子，只是竭力不让眼泪流出来。司马昭见了，心中有数，突然说道：“你的话怎么像欲正的腔调？”

刘禅假装一惊，睁开眼，说：“先生您怎么知道？这正是欲正教我的。”司马昭听了，哈哈大笑起来。自此以后，忙于篡魏，遂不再对刘禅生毒害之心。靠明哲保身的韬晦之计，刘禅虽身处险境而有惊无险，平安地了却了余生。

古今一理。在第二次世界大战中，作为苏联党和国家领导人的斯大林，由于受反常的“自我尊严”的驱使，变得很难接受别人的意见，“唯我独尊”的个性使他不能允许世界上有人比他高明。

莫斯科保卫战前夕，大本营总参谋长朱可夫将军曾建议“放弃基辅城”，以免遭德军的“合围”。这本来是一个很有战略眼光的建议，但斯大林听不进去，当面骂朱可夫“胡说八道”，并一怒之下把朱可夫赶出了大本营。不久，基辅果然遭德军合围，守城的红军精锐部队全军覆没。等到斯大林对朱可夫说“你是对的”时，已经是马后炮了。但是，一度当了苏军大本营总参谋长的华西里也夫斯基，却往往能使斯大林不知不觉采纳他的正确的作战计划，从而发挥了杰出作用。

在斯大林的办公室，斯大林与华西里也夫斯基谈天说地的“闲聊”时，华西里也夫斯基往往“不经意”地“顺便”说说军事问题，既不郑重其事，也不头头是道。可是奇妙的是，往往等他走了以后，斯大林便会想起一个好计划。过不了多久，斯大林在军事会议上陈述了这个计划。大家都惊讶斯大林的深谋远虑，纷纷称赞，斯大林自然十分高兴。再看看华西里也夫斯基本人，也与大家一样显得惊异，并且也与众人一道表示赞叹折服。这样一来，再也没有人想到这是华西里也夫斯基的主意，甚至斯大林本人也不这样想了。但是，上帝最清楚，统帅部实施的毕竟还是华西里也夫斯基的计划。

华西里也夫斯基也在军事会议上进言，但他的方式方法更是令人啼笑皆非。他首先讲3条正确的意见，但口齿不清，用词不当，前后重复，没有条理，声音含混。因为他的座位通常靠近斯大林，所以只要使斯大林一个人明白他的意思就行了。接着他又画蛇添足地讲两条错误的意见。这会儿，他来了精神，条理清楚，声音洪亮，振振有词，必欲使这两条错误意见的全部荒谬性都昭然若揭才肯罢休。这往往使在场的人心惊胆战。

等到斯大林定夺时，自然首先批判华西里也夫斯基那两条错误意见。斯大林往往批判得痛快淋漓，心情舒畅。接着，斯大林逐条逐句、清晰明白地阐述他的决策。他当然完全不像华西里也夫斯基那样词不达意、含混不清。但华西里也夫斯基心里明白，斯大林正在阐述他刚刚表达的那几点意见，当然是经过加工、润色了的。不过，这时谁也不再追究斯大林的意见是从哪里来的。

这样一来，华西里也夫斯基的意见也就被移植到斯大林心里，变成斯大林的东西，因而得以付诸实施。事后，曾有人嘲讽华西里也夫斯基神经有毛病，是个"受虐狂"，每次不让斯大林骂一顿心里就不好受。华西里也夫斯基往往是笑而不答。只是有一次，他对过分嘲讽他的人回敬道："我如果也像你一样聪明，一样正常，一样期望受到最高统帅的当面赞赏，那我的意见也就会像你的意见一样，被丢到茅坑里去了。我只想我的进言被采纳，我只想前线将士少流血，我只想我军打胜仗，我以为这比讨到斯大林当面赞赏重要得多。"华西里也夫斯基运用的就是一种潜智慧，这无疑是一种更为明智的选择。

大事讲原则，小事讲风格

人一生要经历的事情太多，如果事事都要认真盘算，势必会使自己精疲力尽。所以，在一些小事上最好糊涂一点，尤其是面对个人的名利问题时，不要过分强求。要做到该清醒时清醒，该糊涂时糊涂。大事讲原则，小事讲风格是做人的极致。

鲁迅先生曾专门揭示"难得糊涂"的真正含义，他说："糊涂主义，唯无是非观等等——本来是中国的高尚道德。你说他是解脱、达观罢，也未必。他其实在固执着什么，坚持着什么……"

正如鲁迅先生所说的"在坚持着什么"。之所以要"糊涂"，是因为将世上的一些事情看得太明白、太清楚、太透彻，只会增加烦恼，索性放下包袱，轻松、潇洒地生活。

说来容易做起来难，能够做到"小事糊涂"的人其实非常有限，因为大部分人无法达到超然的境界，他们往往被琐事困扰与牵绊着。

糊涂看世界，留一半清醒，留一半醉。这就要求人们在观察社会上的大事小事时，对一些不要紧的事情糊涂处之，而涉及至关重要的原则性问题时要清醒对待。如：对待个人的名利，该糊涂时糊涂，该聪明时聪明，在糊涂与聪明之间，不能丧失做人的原则和起码的人格。

如果能做到像大肚弥勒佛那样"笑天下可笑之人，容天下难容之事"，说明你已经进入了忘我的境界。纵观古今，达到这种境界，拥有这种智慧的人也有很多。晋代的裴遐就是其中之一。

有一次，裴遐到东平将军周馥的家里做客。周馥命家人设宴款待裴遐，他的司马负责劝酒。由于裴遐下围棋正在兴头上，司马递过来的酒没有及时喝，为此司马非常生气，以为裴遐是故意怠慢他，顺手便推了裴遐一下，不料裴遐没有留意，被推倒在地，其他人见状都吓了一跳，以为裴遐会难忍这种"羞辱"而对司马勃然大怒。谁知裴遐慢条斯理地爬起来，神情自若，好像什么事情都没有发生一样继续与人下棋。后来王衍问起裴遐，当时为什么还能镇定自如、举止安详。裴遐回答说："仅仅是因为我当时很糊涂。"

将视线从古人的身上转移到现实生活中，会发现很多人常常因为一点小事就要剑拔弩张、恶言相向，这些人不懂得小事需糊涂的真谛。

有一次，许多老人围在一起下棋、观棋。其中下棋的两位老人为一步棋争得面红耳赤，双方互不相让，一个骂对方是臭棋篓子，另一个骂对方是卑鄙小人，骂得不过瘾还动了手，结果大家不欢而散。从此以后，双方成了仇人，再不一起下棋，即使双方见面也彼此翻白眼。

俗语说，"吕端大事不糊涂"，就是告诉人们在小事上不妨糊涂一些，不要太计较，而真正遇到大事时还需要保持清醒的头脑，关键时刻表现出大智慧。尤其是在交际会话和发表演说的时候，自找台阶，故作不知，装一装糊涂是非常重要的。英国首相威尔逊在一次发表演说的时候，有一个故意捣乱的人突然大喊道："狗屎！垃圾！"遇到这种无法预防的干扰，如果换为别人，就可能对那个故意捣乱的人大声斥责，或者就是充耳不闻，但威尔逊却表现出超人的智慧。为了使演讲能圆满成功，威尔逊很镇静地说："这位先生请不要急，你所不满的脏、乱、差问题我马上就会谈到。"通过对捣乱人语言的故意曲解，威尔逊移花接木，安全渡过险滩，使得演说得以顺利进行。由此可以看出，装糊涂也是应付别人刁难的一种好方法。

现实生活中，也要适时地装糊涂，有些话没有必要说得太实太死，太过于绝对很可能让不怀好意者钻空子。遭受他人刁难，面对两难问题时，冥思苦想毫无意义，不如反其道而行之，用含糊的语言回答他，借此摆脱困境，让对手哑巴吃黄连有苦说不出。王元泽是宋朝文学家王安石之子，年幼时就表现出了过人的智慧。

有一次，一位客人把一头獐和一头鹿放在一个笼子里，让王元泽分辨哪个是獐，哪个是鹿。王元泽的回答头头是理，显示出了他的聪明才智。他说："獐旁边的那头是鹿，鹿旁边的那头是獐。"尽管王元泽回答得含糊其词，但却无懈可击，因为事实就是如此，这样既回击了刁难他的客人，也表现了自己的聪颖。假设王元泽老老实实地回答"不知道"，不但显示不出他的过人之处，更得不到客人们的赞赏。

读书做学问也要"糊涂"。业精于勤荒于嬉，行成于思毁于随。自古以来读书就提倡一股"傻劲儿"，视金钱名利如粪土。正所谓："书中自有黄金屋，书中自有颜如玉。"读书学习也需要懂得"糊涂"。大数学家陈景润到大街上不会买菜，大书法家王羲之在吃饭的时候竟然用馒头蘸墨汁吃，大科学家牛顿煮鸡蛋时竟然煮了自己的手表。他们都是"糊涂"的典型，却在不同的领域作出了非凡的成就，所以，有时"糊涂"能帮我们成就大事。

总之，处世行事没必要事事俱细，大事不糊涂，小事装糊涂，对人对己都有好处。

第七章

拿得起放得下，
杜贪念绝私心

做一个聪明的人，就要懂得拿得起放得下，懂得什么时候该放弃，什么时候该争取，就要懂得为自己留余地，为别人留台阶，有所为有所不为。绝不会为自己找借口，也不会贪得无厌，更不会吃眼前亏，而是懂得忍辱负重，寻找合适的时机蓄势待发。

给自己留好退路

人事有沉浮，世事多艰辛，要给自己留一些余地，才不至于走上绝路。大多数人都会认为"妥协"是"屈服"与"软弱"的做法，其实，这种观点是不正确的。因为有些时候，只有"妥协"才能生存下来，保存力量。

有句话是这样说的："给自己留条退路，就是给自己设计好进攻的路线。"这就要求人们要学会妥协，给自己谋条退路，以便更好地进攻。

清代纪晓岚任左都御史时，碰上了一件很棘手的案子。大学士兼军机大臣阿桂有一个亲戚叫海生，他的妻子乌雅氏猝死，且死因不明。海生自己说妻子是自杀身亡，但是乌雅氏的弟弟贵宁却不相信海生的说法，认为姐姐是被海生殴打致死的。于是，一纸文书将海生告上公堂，地方衙门根本难以作出判决，于是把案子交到刑部，刑部仍然无法作出决断。于是这个并不难解的案子越闹越大，究其原因，只是因为海生是阿桂的亲戚。审理官员怕得罪阿桂，判乌雅氏为自缢，其实是为了给海生开脱罪责。可本来性情就很刚烈的贵宁加上和珅的支持，并不惧怕，不断上告，最终惊动了皇上。

于是，皇上特派左都御史纪晓岚主审此案，并派刑部侍郎景禄、杜玉林、御史崇泰等人同纪晓岚前去开棺验尸。

纪晓岚知道，其实并不是别人都无法审理此案，只因为这其中牵扯到和珅和阿桂两位大学士兼军机大臣，都不敢轻易决断。因此，纪晓岚自己也感到很头痛，他知道和珅和阿桂一直在明争暗斗，自己同和珅积怨也很深。原判又迎逢阿桂，自己能够推翻这一强大的势力吗？纪晓岚权衡利弊，决定只有圆滑处理了。

于是开棺后纪晓岚等人一同验看。见死尸并无缢死的痕迹，纪晓岚心中有数，却要看看大家的意见。刑部景禄、崇泰、郑征一干人等，都说死者脖子上有伤痕，显然是自缢而死。纪晓岚顺势说道："我系短视眼，看起来似有似无，看不清楚到底有无疤痕，既然大家看得很清楚，那就这么定吧。"于是，纪晓岚便给皇帝上了联名奏章："公同检验伤痕，实系缢死。"

贵宁知道后，气愤不已，一怒之下，再次上告，这次连步军统领衙门、刑部、都察院一块儿告，告这些官员有意包庇，办案不公。乾隆看贵宁如此不服，也开始怀疑此案，又派侍郎曹文植等人复验。复验结果很快呈上来，曹文植等人上奏皇上说，乌雅氏尸体脖子上并没有缢痕。乾隆这下火了，心想这肯定与和珅和阿桂有关，于是钦点阿桂、和坤会同刑部堂官及原验、复验堂官，一同检验。结果可想而知，当然是真相大白：乌雅氏被殴而死。

由于真相结果已经得出，再次审问海生，海生也不再隐瞒，供出事实：他将乌雅氏殴踢致死之后，为了掩人耳目，便制造自缢的伪像。皇上一气之下将原验、复验官员几十人除纪晓岚之外统统发配伊犁效力赎罪，皇上在谕旨中这样写道："纪晓岚目系短视，对于刑名等件素非谙悉，于检验时未能详细阅看，以刑部堂官随同附和，其咎尚有可原，着交部议严加论处。"皇上都原谅了他，哪个官员还敢说什么？只给了他一个革职留任的处分，而官复原职是肯定的事。

纪晓岚在处理这个敏感的案件中，并没有大包大揽，而是借别人的眼睛，给自己留了一条退路，这不能说是纪晓岚的软弱，只能说是他一种低调做人的技巧。试想，如果他不懂得"妥协"，那么皇上想赦他无罪都找不出理由来。

《战国策》中有一句名言叫"狡兔三窟"，意思是指兔子备有3个藏身的洞穴，即使被破坏了两个还有一个。这样居安思危的生存方式很值得学习，人们在欲进攻之时，应该认真地想一想，万一不成怎么办？在没有成功的把握时，还是应该先给自己留点余地，以便更好地进攻。

好汉不吃眼前亏

有句俗语说，好汉不吃眼前亏，有时候让步并不是吃亏的代名词，而是实现下一个目标的前奏曲。对于任何事情，一味地争强好胜，好勇斗狠，是不可取的。适时地作出一些让步，既不是无原则的屈服，更不是软弱的退却，它是在充分了解对手的情况下，作出的明智选择。

在费城举行的一次宪法会议上，赞成派和反对派双方讨论相当激烈。由于出席者中有着人种、宗教信仰等方面的差异，会议充满了火药味，弥漫着互不信任的气息。出席者的言辞都非常尖锐，甚至还出现了人身攻击。

会议谈判即将破裂，在这个时候，持赞成意见的富兰克林适时地站了出来，他不慌不忙地对人们说："事实上，我对这个宪法也并非完全赞成。"此话一出，会议纷乱的情形立刻停止了，反对派人士都用怀疑的目光看着富兰克林。富兰克林停了一会儿，继续说道："对这个宪法，我并没有信心，出席本会议的各位代表，也许对于细则还有些异议，不瞒各位，我此时也和你们一样，对这个宪法是否公正抱有怀疑的态度，我就是在这种心境下来签署宪法的。"

经富兰克林这么一说，反对派激动、怀疑的心情终于平静下来了，他们打算让时间来验证一下它是否正确。这样，美国的宪法终于顺利通过。富兰克林用以退为进的方法使反对派与支持派的意见达成了一致。

对于一件事情，如果一味地强调好的一面，对方对你所说的话，可能会存有不信任的潜在心理。这时不如利用人类潜在心理的"别扭心态"，采取以退为进的方法来取得对方的信任。富兰克林就是采取了这个技巧，先说一些对自己不利的话，看似是在退步，但却使对方产生了信任感，最后顺势达到自己的目的。

美国的钢铁大王卡耐基，曾经就运用以退为进的策略，打败了不可一世的摩根。

1898年美西战争期间，老摩根与素有钢铁大王之称的卡耐基展开了一场龙争虎斗。

由于美西战争的需要，匹兹堡的钢铁需求量大增，当美西战争以美国的胜利告终时，美国在国际上的影响力大大提高了。正是在这样的背景下，摩根向卡耐基发动了钢铁大战。由于摩根看到了钢铁工业前途无量，所以，他很早就把目光盯在了钢铁生意上，并采取了积极的措施。他把安插高级管理人员作为融资条件，逐渐控制了伊利钢铁公司。尽管如此，这家钢铁公司与卡耐基的钢铁公司相比，还只是中小企业。看到美西之战导致钢铁价格猛烈上涨，摩根对于手中的那两家公司还不满意，于是决定向卡耐基发动进攻。为了壮大自己的事业，摩根首先合并了美国中西部的一系列中小型钢铁公司，成立了联邦钢铁公司，同时拉拢了国家钢管公司和美国钢网公司。一切准备就绪后，摩根开始采取行动了，他率先控制联邦钢铁公司的关系企业和自己所属的全部铁路，同时取消了向卡耐基订货。

根据摩根的预测，卡耐基会立刻作出反应。但事情恰与摩根预料的相反，卡耐基出奇的平静，好像什么事情也没有发生一样。卡耐基在受到如此围剿的时候，比任何人更明白一点：冷静是最好的对策，更何况自己面临的对手是能够在美国呼风唤雨的金融巨头，如果此时匆忙采取行动，那最终倒霉的肯定是自己。

卡耐基以静制动的策略使摩根很快意识到，自己在这件事上栽了跟头。于是他马上采取第二个步骤，他放出风去：美国钢铁业必须合并，现在是否合并贝斯拉赫姆公司，还在考虑之中。但有一点是毋庸置疑的，那就是合并卡耐基公司只是时间问题了，摩根向卡耐基发出了如此的挑衅。同时，他威胁卡耐基，扬言要与贝斯拉赫姆联手对付他。

这时候，卡耐基不能再无动于衷了，如果摩根真的与贝斯拉赫姆联手，他的处境就危险了。在综合分析局势利弊之后，卡耐基终于作出了决定：与摩根公司合并。条件是合并后新公司对卡耐基钢铁资产的时价额以1美元比1.5美元来计算。

以1美元比1.5美元来执行对摩根来说，条件是十分苛刻的。但对于这样的条件摩根为什么能接受呢？有一点是明确的，那就是摩根合并卡耐基公司的目的是为了赢得高额的利润，也许正是基于利益的考虑，摩根才同意了谈判的协议。

这样，按照协议，卡耐基的资产一下子从当时的2亿多美元上升至4亿多美元。卡耐基的行为看似非常软弱：当摩根采取第一步行动时，卡耐基无动于衷；当摩根采取第二步行动时，卡耐基未做任何抵抗就投降了。从事情的整个发展过程来看，摩根始终处于攻势，卡耐基处于守势地位，并且还退了一步。但从结果来看，摩根虽然没有吃眼前亏，争得了面子，但事实上，是卡耐基实实在在地前进了一大步。

办事过程中，"以退为进"更易获取对方的信任。很多时候过分强调自己的目的，过分坚持自己的想法并不一定能取得预想的效果。相反，如果在身陷危难时恰当地采取一种"退"的策略，把握好分寸，也许胜利就会属于你。

李渊奉命留守太原时，北边的突厥曾多次以数万精兵进攻太原。为守城池，李渊派部将王康达率千余人出战，结果却一败涂地，几乎落得个全军覆灭的下场。

后来，李渊用计吓住了突厥兵，暂时守住了太原城。虽然突厥兵被吓走了。可是郭子和等人依靠突厥的支持和庇护，又纷纷向他挑衅，这让李渊防不胜防，隋炀帝随时可能会以失职为借口，要了他的命。

面对内忧外患，大多数人都可能认为，李渊为自保必然会奋起反击。可出乎意料的是，李渊并没有那样做，他反而甘愿向突厥称臣，也愿意把自己所有的财宝全部进献给突厥可汗。

很多人都不理解李渊这样做的用意，其实，他早已经分析了天下大势，决定要起兵反隋。可怎样才能反隋成功呢？唯一的办法就是西入关中。太原虽是一个军事重镇，但并不是他理想的发家基地，西入关中是最明智的选择。可是，如果太原失守，对李唐大军来说是一个重大的损失。那么怎样才能保住太原，顺利西进呢？

李渊当时手下至多有三四万人马，就算要与突厥决一死战，也未必能守住太原，更何况在应付突厥的同时，还要抵抗有突厥撑腰的四周盗寇，这样看来胜利的机会显然是微乎其微。如果现在进入关中，留下重兵把守显然不是一个好方法。唯一的办法就是与突厥讲和，甘愿献宝、称臣。所以李渊甘愿忍让，向突厥低头。

李渊的让步策略果然奏效，始毕可汗果然与李渊修好。李渊对突厥的让步，得到了突厥的许多资助，始毕可汗送他大量的马匹和士兵，李渊又乘机购买了许多马匹，这为李渊兴建一支强硬的战斗队伍，奠定了强而有力的基础。加之当时汉人一向惧怕突厥兵的英勇善战，而李渊军中恰恰又有突厥骑兵，这一优势自然为他增长了不少士气。

李渊当时的让步，尽管付出了很大的代价，但却为打天下保住了资本。在当时的情况下，选择让步绝对是一种明智的策略。

俗话说得好：好汉不吃眼前亏。有时候势不如人，技不如人，就该适时让步，免得吃大亏。但是，让步并不是一让到底，而是等待时机，再设法突围。

忍辱负重，先退后进

在成大事者的眼中，任何艰难困苦都不足以让人心灰意冷，相反它会更加鼓舞士气，激发起一定要做成大事的欲望。在遇到困难的过程中，不与对手直接对抗，而是稍稍低一下头，避开强劲的疾风才是明智之举。

宁折不弯虽然是做人的一个原则，但是忍辱求全却是为人处世的一种智谋。越王勾践卧薪尝胆，最终灭掉吴国，他的成功可以归结为一个"忍"字。这种意义的忍不但不是懦弱的表现，还恰恰是意志坚强的象征，可谓是一种超出常人的境界。

在唐代，有个以忍让聪慧而闻名的人，名叫杨翥。他的忍耐通常让家人都觉得他懦弱。比如，一次邻居家丢了一只鸡，便指着名骂姓杨的偷鸡不得好死。家人都非常气愤，而杨翥却笑呵呵地劝他们说："世界之大，姓杨的不只我一人，随他骂去吧。"

还有一次天降大雨，邻居把自家的积水全部排到了杨翥的院子里，把院子里的粮食都浸湿了，杨翥依然没动怒，对家人说："天总是会晴的，粮食也总是能晾干的，不要因为这等小事而斤斤计较。"

久而久之，街坊邻居都被杨翥的忍让打动了，杨家有事他们都会主动帮忙。

人们一直称之为英雄的西楚霸王项羽，他就没有这种忍辱负重的精神，以至自刎于乌江边上。

乌江岸边，乌江亭长劝慰项羽说："江东虽小，足够大王称王称霸，请大王速速过江。"而项羽是那种宁折不弯的人，对乌江亭长的劝说怎么能听得进去？最后自刎于乌江岸边。假设，如果当时项羽忍耐一下，听从乌江亭长的劝说过江，结果可能会是另一番景象，当人们遇到一时难以解决的问题时，以忍耐应对当前的屈辱与刁难是最理想的方法。很多人都无法体会到忍耐的好处，容易冲动，以致有过激行为。其实，适时地忍耐一下，以退为进，可以改变局势，转败为胜。

唐代武则天专权时，为了给自己当皇帝扫清道路，先后重用了武三思、武承嗣、来俊臣、周兴等一批酷吏。以严刑峻法、奖励告密等手段，实行高压统治。对抱有反抗意图的李唐宗室、贵族和官僚进行严厉镇压，先后杀害李唐宗室贵戚数百人，接着又杀了大臣数百家，至于所杀的中下层官吏，其人数更是无法统计。

武则天曾下令在都城洛阳四门设置"瓯"接受告密文书。对于告密者，任何官员都不得询问，告密核实后，对告密者封官赐禄；告密失实，并不受罚。这样一来，告密之风大兴，不幸被株连者不下千万，朝野上下，人人自危。

一次，酷吏来俊臣诬陷平章事、狄仁杰等人有谋反行为。来俊臣出其不意地先将狄仁杰逮捕入狱，然后上书武则天，建议武则天下旨诱供，并说如果罪犯承认谋反，可以减刑免死。狄仁杰突然遭到监禁，既来不及与家里人通气，也没有机会面奏武后说明事实，心中不由焦急万分。

审讯的日子到了，当来俊臣在大堂上读武则天的诏书的时候，就见狄仁杰已伏地告饶。他趴在地上一个劲地磕头，嘴里还不停地说："罪臣该死，罪臣该死！大周革命使得万物更新，我仍坚持做唐室的旧臣，理应受诛。"狄仁杰不打自招的这一手，反倒使来俊臣弄不懂他到底唱的是哪一出戏了。既然狄仁杰已经招供，来俊臣将计就计，判他个"谋反属实，免去死罪，听候发落"。

来俊臣退堂后，坐在一旁的判官王德寿悄悄地对狄仁杰说："你也要再诬告几个人，如把平章事、杨执柔等几个人牵扯进来，就可以减轻自己的罪行。"狄仁杰听后，感叹地说："皇天在上，厚土在下，我既没有干这样的事，更与别人无关，怎能再加害他人？"说完一头向大堂中央的顶柱撞去，顿时血流满面。

王德寿见状，吓得急忙上前将狄仁杰扶起，送到旁边的厢房休息，又赶紧处理柱子上和地上的血渍。狄仁杰见王德寿出去了，急忙从袖中抽出手绢，蘸着身上的血，将自己的冤屈都写在上面，写好后，又将棉衣撕开，把状子藏了进去。一会儿，王德寿进来了，见狄仁杰一切正常，这才放下心来。

狄仁杰对王德寿说："天气这么热，烦请您将我的这件棉衣带出去，交给我家里人，让他们将棉絮拆了洗洗，再给我送来。"王德寿答应了他的要求。

狄仁杰的儿子接到棉衣，听到父亲要他将棉絮拆了，就想：这里面一定有文章。他送走王德寿后，急忙将棉衣拆开，看了血书，才知道父亲遭人诬陷。他几经周折，托人将状子递到武则天那里，武则天看后，弄不清到底是怎么回事，就派人把来俊臣叫来询问。来俊臣做贼心虚，一听说武则天要召见他，知道事情不好，急忙找人伪造了一张狄仁杰的《谢死表》奏上，并编造了一大堆谎话，将武则天应付过去。

又过了一段时间，曾被来俊臣妄杀的乐思晦的儿子也出来替父申冤，并得到武则天的召见。他在回答武则天的询问后说："现在我父亲已死了，人死不能复生，但可惜的是法律却被来俊臣等人给玩弄了。如果太后不相信我说的话，可以吩咐一个忠厚清廉、你平时信赖的朝臣假造一篇某人谋反的状子，交给来俊臣处理，我敢担保，在他酷虐的刑讯下，那人不会不承认的。"

武则天听了这话，稍稍有些醒悟，不由想起狄仁杰之案，忙把狄仁杰召来，不解地问道："你既然有冤，为何又承认谋反呢？"

狄仁杰回答说："我若不承认，可能早死于严刑酷法了。"

武则天又问："那你为什么又写《谢死表》上奏呢？"

狄仁杰断然否认说："根本没这事，请太后明察。"

武则天拿出《谢死表》核对了狄仁杰的笔迹，发觉完全不同，才知道是来俊臣从中做了手脚，于是下令将狄仁杰释放。

有时候克制刚强直率的性情与对手周旋，是保全自我的良策。相反以硬碰硬，会让自己吃大亏，这样做无论从哪方面来讲都是不明智的。所以，必要的时候，忍人所不能忍，必能确保自己的安全。

舍即是得

在人生的旅途中，总会遇到某些不得已而不得不"放得下"的时候。比如，一个人到了年迈体衰时，就有突然遭遇"被剥夺"辉煌的可能，这当然也是考验人如何对待"拿"和"放"的时候。美国第一位总统、开国元勋华盛顿连任一届总统后便坚持不再连任。他离任时，坦然地出席告别宴会，坦然地向人们举杯祝福。次日，他又坦然地参加了新任总统亚当斯的宣誓就职仪式。然后，他挥动着礼帽，坦然地回到了家乡维农山庄。这一瞬间给历史留下了永恒的光彩。

英国著名科学家赫胥黎，因其卓越的贡献而享有崇高的声望，然而到了80岁时，赫胥黎不得不考虑放弃所担任的工作，他毅然辞去了所任的教授、渔业部视察官等职务。最后，他还辞去了一生中最高的荣誉职务——英国皇家学会会长。不难设想，此时赫胥黎的心情何其沉重、心绪多么难平，他甚至在发表了辞职演说后，对友人这样说："我刚刚宣读了我去世的官方讣告。"尽管如此，他毕竟"放下"了，在没人强迫的情况下如此"放下"了。

一个职务，一种头衔，自然意味着一个人在社会上所取得的成就和地位，它的意义是不言而喻的。然而，华盛顿和赫胥黎都"拿"上了属于自己的辉煌，可他们又都主动"放"下去了。一位名人说的好："重要的并非是你拥有了什么，而在于你忍受了什么。"以坦然和克制的态度去承受离任或离职之"放"的人，便活出了一份潇洒与光彩，同时也活出了一种落落大方的风范。

有些东西，在别人看来或许是同等重要，或者一个比另一个重要，而你却是另一种想法，这个时候你如果想要坚守自己的理想，做自己想做的事，就要能拿得起放得下。任何一个成功者，不仅要敢于梦想，敢于追求，敢于迎接各种各样的挑战，敢于为实现自己的目标去努力进取，还要懂得权衡利弊，熟知人生的潜规则，懂得拿得起还要放得下的道理。

一个会做人的人，或者一个有着明确的奋斗目标、渴望成功的人，之所以放得下那些在旁人看来是来之不易的东西，是因为他们真正地明白自己想要的是什么。

"拿得起，放得下"，颇有点辩证的意思，对于我们做人来说也是极富于启迪意义的。所谓"拿得起"指的是人在踌躇满志时的心态，而"放得下"则是指人在遭受挫折、遇到困难或者办事不顺畅以及无奈之时应采取的态度。

一个人来到世间，总会遇到顺逆之境、迁调之遇、进退之间的各种情形与变故。北宋政治家范仲淹说"不以物喜，不以己悲"，有了这样一种心境，就能对大悲大喜、厚名重利看得很小很轻很淡，自然也就容易"放得下"了。"莫将戏事扰真情，且可随缘道我赢"，北宋政治家王安石的这两句诗，将"戏事"与"真情"区分得十分分明。

按照我们的理解，所谓"戏事"，就是指那些能拿得起、也该放得下的事；能做到如此随和且随缘地看待人生旅途中的一切利害得失与祸福变故，一个人岂有不会"道我赢"之理？

做一个明智的人，既然"拿得起"那颇有分量的光环，也同样应当"放得下"它，从而使自己步入柳暗花明的新天地，做出另一种有意义的选择。

在人生的道路上，有很多的十字路口，每走到一个十字路口，都将面临选择，而且每一次的选择很可能关系前途和命运，所以就很难作出决断，放弃什么，坚持什么？这其中甚至充满了辩证关系。此时此刻，我们需要的就是清醒的头脑，和拿得起也放得下的勇气。

做人要给他人留余地

俗话说：得饶人处且饶人。年轻人在为人处世的时候，不要把事情做得太绝，给他人留余地，也是给自己留退路，千万不要把别人推到无路可走的境地，到最后只能是两败俱伤。

李渊建立了大唐王朝后，太子李建成和秦王李世民的明争暗斗也就开始了。当时李建成被立为太子，但他常常感觉到来自李世民的威胁，欲除之而后快。

一次，李渊外出打猎，让他们兄弟骑马比箭，李建成设计将一匹未驯烈马让李世民骑。李世民三上三下，才将烈马驯服，他知道太子用计，不由气愤道："有人想用此马害我，但生死有命，岂能任小人所为？"李建成听到后，让张、尹二妃去向李渊诬陷秦王道："秦王自称上天授命于他，要他去当天子，怎会就死？"

李渊听后将秦王叫来，说："谁是天，自由上天授命，我还没死，你谋求帝位之心为何这等急切？"正在这时，边报突厥进犯，李渊为让秦王率军抵御，便赦免了他。李建成见此计未成，又设一计，以李世民即将出征为由，邀他来饮酒。李世民饮后心痛难忍，吐了几升血，所幸并无大碍。

此时，李建成已经把李世民逼到了绝境。后来，突厥扰边，太子为了削弱李世民的实力，故意向李渊推荐尉迟敬德领兵，让齐王李元吉挂帅，企图将李世民的势力转在自己控制之下。这时又有小官向李世民告密，说太子和齐王计划要乘给齐王饯行的时候杀害李世民和尉迟敬德等人，这下李世民忍无可忍，与房玄龄等密谋发动政变。

于是李世民找到李渊，将太子的阴谋和盘托出，李渊在儿子的哭诉下大惊不已，告诉他第二天早些上朝，把这些事当朝奏给大臣们听，到时自己一定会为他做主。但到了第二天，李世民害怕太子早做埋伏加害他，就抢先下手，在上朝必经之地玄武门内埋伏精兵，见李建成与李元吉入朝，立即将他们射杀，这就是著名的"玄武门之变"。

"玄武门之变"的发生当然是一场悲剧。但是如果不是李建成将李世民逼到了退无可退的地步，李世民也不会完全不顾兄弟之情，杀掉其兄李建成。

在日常生活中，我们也常常能见到这样的人，做人不给他人留半点余地，结果可能是一时的目的达到了，却在无形中给自己树了一个敌人。

某食品厂的销售部经理由于一次判断失误，给公司带来了十几万元的损失。这位经理平时工作非常认真，从公司成立开始便与厂长一同打天下。事后经理承认了自己的错误，主动提出不要这一年的工资和奖金，并做好了相应的补救计划。但这一失误却未能得到厂长的原谅，厂长坚决要将他开除，其他人的挽留和劝说都无济于事。

这位经理辞职后，经过融资也开了一家食品厂。由于他人缘好，以前厂子的一批技术人员也跟了过来。再加上销售渠道他也熟识，所以业务很快便开展了起来。而那位厂长却因为开除他，致使手下不敢放手做事，导致工厂最终难逃倒闭的命运。

这件事给我们的启示就是千万别把人逼到死胡同。即使自己胜券在握，也不要让对方一败涂地、狼狈不堪。因为任何人都有自己的尊严，你不让别人好走，别人也不会让你好过。所以，做人一定要懂得给别人留余地，这不仅是为他人着想，更是为自己着想。

种下义，收获福

有句话说得好："种下义，收获福。"当你走在狭窄的小路上时，一定要靠一侧走，给别人留一点路走；当你吃到美味佳肴时，别忘了给亲人朋友留出三分让他们品尝。这可谓是做人处世的极好方法。

春秋时期，齐国的鲍叔牙和他的好朋友管仲很有才学，分别做了齐国两位公子的师傅。管仲为了能使自己辅佐的公子纠成为齐国的君主，曾经不遗余力地对付公子小白，还用箭射过他，差点要了公子小白的性命。然而公子纠夺位失败，反倒是鲍叔牙辅佐的公子小白成功登上了齐国君主的宝座，也就是齐桓公。齐桓公成为君主以后，一方面准备让自己的师傅鲍叔牙担任丞相，另一方面却想杀死管仲，报那一箭之仇。

但是鲍叔牙却不这么想，作为管仲的好朋友，他非常了解管仲，知道管仲的才学在自己之上，因此想方设法向齐桓公举荐管仲。

有一天，鲍叔牙晋见齐桓公后，先向齐桓公表示慰问，后又向他表示祝贺。齐桓公很不理解。

鲍叔牙解释说："公子纠是您的哥哥，为了国家，您不得不杀了他，这是我向您表示慰问的原因。管仲是天下罕见的人才，我将他带回来为您效力，这又怎么能不向您祝贺呢？"

齐桓公听到鲍叔牙说起管仲，马上就火了，生气地说："管仲差点用箭射死我，把他扒皮抽筋都难解我心头之恨，你竟然让我重用他？"

鲍叔牙却不以为然，劝解齐桓公说："为人臣子的当然是各为其主，管仲用箭射您完全是因为公子纠。您要是能够重用他，他将会帮您射得整个天下，相比起来，射了一箭又算什么？"

齐桓公听了这话，说道："我知道你和他关系很好，看在你的面子上，我不杀他，赦免了他的罪，但我也不想用他。"

鲍叔牙见齐桓公态度坚决，只好退下。

齐桓公当了君主之后，大封有功之臣。他想让鲍叔牙担任上卿这个职位，帮助自己处理军国大事。但鲍叔牙却推辞了，说道："您让我不再挨冻受饿，已经是很大的恩惠了。但是以我的能力，并不能胜任治理国家这样的大事。"

齐桓公坚持说："我很了解你，不要再推辞了。"

鲍叔牙说："您嘴里的'了解'，是知道我做事谨慎，遵纪守法，但这些是每一个臣子都应该具备的，依靠这些并不能很好地治理国家。那些善于治理国家的人，对内能使百姓安定，对外可以让四方臣服，既能让王公诸侯无忧，还可以使国家社稷平安，最终名垂青史，功留万代。这样经天纬地的才能哪里是我能拥有的呢？"

齐桓公对这番话很感兴趣，就问鲍叔牙说："你想说的这种能够辅佐君王治理国家、成就大事的人才现在还有没有？"

鲍叔牙说："如果不需要这样的人才也就罢了，如果一定要找这样的一个人，除了管仲还能有谁？"

齐桓公听了不再说话。鲍叔牙见齐桓公有些心动了，就说道："比起管仲，我有五个地方不如他。对黎民宽缓，让百姓感受到恩惠，使百姓安定，这是第一方面；将国家治理得井井有条是第二方面；让百姓团结一致，有凝聚力是第三方面；制定国家法令制度，让所有人遵从是第四方面；鼓舞军民斗志，让人们奋不顾身是第五方面。"

齐桓公非常信任鲍叔牙，见鲍叔牙如此推崇管仲，就说："您带他来吧，我考察一下他的才能。"

鲍叔牙却说："对于那些非同寻常的人，一定要用隆重的礼节来对待。您应该挑选一个好日子，亲自去郊外迎接他。如此做法不但能够显示您尊重人才，还能让人知道您不计私仇。试想这样一来，那些有才能的人还有谁不愿意为您效力呢？"

齐桓公接受了鲍叔牙的建议，于是选好了黄道吉日，去郊外迎接管仲。

齐国的黎民百姓听说齐桓公要亲自去迎接一位贤才，纷纷前往观看。他们远远看见仪仗队伍中有几辆马车，在正中间的一辆车子上，有一个人跟齐桓公并排坐着，身材高大魁梧，显得很有气度。但是走近一看，却认出来那个人竟然是差点用箭射死齐桓公的管仲，无不大为吃惊。

管仲随同齐桓公入朝之后，跪倒向齐桓公谢罪，说："我是一个俘虏，能够被您赦免我的罪行就很幸运了，怎么能接受您这样的礼遇呢？"

齐桓公对管仲很客气，说道："我有问题向您请教，坐下之后才好说话。"管仲于是站了起来，坐在一旁。随后齐桓公就一些国家大事向管仲请教，管仲一一为其讲述，两个人谈论得非常投机。齐桓公见识了管仲的才能之后，决定重用管仲。

与此同时，鲍叔牙又向齐桓公建议说："地位低的人不适宜和地位高的人一起做事，贫穷的人也不好指挥富有的人。和国君关系不好的人很难管理国君的亲信，如果您想重用管仲，必须优待他，让他身居相位，并像对待父亲和哥哥那样对待他。"

于是齐桓公准备任命管仲为丞相，但是管仲却不接受。齐桓公不理解，管仲说："要想建立一座大厦，只有一根木料是成不了事的；只有一条河流难以形成浩瀚的大海。如果您想实现自己的理想，必须使用几个人。"

齐桓公问需要哪些人。

管仲说："隰朋能说会道，善于辞令，而且言行举止有理有节，这方面我不如他，请任命他为大司行负责外交；宁越能够利用地力开荒耕地，多打粮食，这方面我不如他，请任命他为大司田负责农耕；王子成父能够约束士兵，让将士们视死如归，奋勇杀敌，这方面我不如他，请任命他为大司马负责军事；宾须无公正无私，判案正确，这方面我不如他，请任命他为大司理负责案件审理；东郭牙忠直敢言，能直接揭露君王大臣的过失，这方面我也不如他，请任命他为谏官。您要是想治理国家，富国强民，提升军队的战斗力，有这几个人就可以了。如果一心想成就霸业，我虽然才能一般，不过也能勉强帮您完成您的理想。”

齐桓公听完这番话，更坚定了重用管仲的决心。他准备好了祭祀用品，带着管仲，来到祖先神位前举行了隆重的仪式，任命管仲为相国，并给予他丰厚的奖赏。同时，他根据管仲的举荐任命隰朋等五人，让其各司其职。

齐桓公放手使用管仲，尊他为仲父，并给予最高的恩惠。除此之外，他还对大臣们说：“国家的大事先告诉管仲，然后再来禀报我。一切需要办理的事情，全部由管仲来做决定。”

经过多年努力，齐桓公大会诸侯，成为春秋时期的第一位霸主。管仲的成功自然离不开他本身的卓越才能，然而如果不是鲍叔牙的大力举荐，并退位让贤，管仲岂能有如此成就？

鲍叔牙虽然治理国家的才能不如管仲，但是到了今天仍旧为人们传颂，其根源就在于他懂得让步与人，味减三分。

有时候让步并不是吃亏的代名词，在狭窄的小路上能够让一步与人，不但显示出你的宽容大度，而且还可能在危难时得到他人的帮助。要明白这样一个道理，种下义，就会收获福。

大丈夫有所为，有所不为

有这样一句话：“会快乐的人，并不一味地争强好胜，必要的时候，宁肯后退一步，放弃一些力所不及的东西。”不要什么都放不下，到最后可能什么都失去，大丈夫要有所为，有所不为。

常州人张史和孟州人何仁可少年时在同一个学堂读书，并且经常在一起研究经书。后来张史先做了官，但他总是比不上何仁可的名誉好，心里就开始嫉妒何仁可的才能，和别人谈话时，总是不说何仁可的好话。世上没有不漏风的墙，何仁可听说到这事，想出了一个应对的办法。

张史有一个爱好，就是经常召集门生，讲解经书，一到这个时候，何仁可就要自己的门生到他那里去非常虔诚地请教疑难问题，并且一心一意、认认真真地做笔记。一来二去，随着时间的流逝，张史明白了，这是何仁可在有意地推崇自己，为此心中十分惭愧。后来，在与同僚的交往中，再也听不到他贬低何仁可的声音，而是不断地赞扬何仁可的人品和作为。

何仁可的这种无为化有为的做法，明代时的王阳明也用过，正是这种无为才使他免去了杀身之祸。

明朝正德年间，朱宸濠起兵反抗朝廷。朝廷派王阳明率兵征讨，由于他出色的指挥，一举擒获朱宸濠，立下了大功。

当时的总督江彬十分嫉妒王阳明的功绩，认为他夺走了自己大显身手的机会。于是广布流言说："最初王阳明和朱宸濠是同党，后来听说朝廷派兵征讨，才抓住朱宸濠为自己解脱。"想以此嫁祸于王阳明，并除掉他，把这个功劳夺为己有。

在这种情况下，王阳明和好友张永不得不对这一不白之冤讨论对策："如果退让一步，把擒拿朱宸濠的功劳让给江彬，就可以避免不必要的麻烦。假如坚持下去，不做妥协，那江彬等人就要狗急跳墙，做出伤天害理的勾当。"为此，他将朱宸濠交给张永，使之重新报告皇帝："朱宸濠捉住了，是总督大人的功劳。"就这样，堵住了江彬的嘴，使其不再乱说话。随后，王阳明就以病体缠身为由，回家休养去了。

张永回到朝廷后，大力称颂王阳明的忠诚和让功避祸的高尚事迹。正德皇帝明白了事情的起始犹末后，就重新给予了王阳明应得的封赏。

王阳明以退让之术，避免了飞来的横祸。这种以退让求生存的方法，同样也蕴含了深刻的哲理。

鲁国的大臣公仪休，是一个嗜鱼如命的人。他升任宰相以后，鲁国各地有许多人争着给公仪休送鱼。可是，公仪休却命令管事人员不准接受。

他的弟弟看到这么多从四面八方精选来的活鱼都被退了回去，很是不解，就问他："兄长最喜欢吃鱼，现在却一条也不接受，为何？"

"正因为我爱吃鱼，所以才不接受这些人送的鱼。"公仪休很严肃地对弟弟说："你以为这些人是喜欢我、爱护我吗？不是。他们喜欢的是我手中的权力，希望我运用权力去偏袒他们、压制别人，为他们办事。吃了人家的鱼，必然要给送鱼的人办事，执法必然有不公正的地方，不公正的事做多了，天长日久哪能瞒得住人？宰相的官位就会被人撤掉。到那时，不管我多想吃鱼，他们也不会给我送来了，我也没有薪俸买鱼了。现在不接受他们的鱼，公公正正地办事，才能长远地吃鱼。靠人不如靠己呀。"

有一次，一个不知名的人偷偷往他家中送了一些鱼，他无法退回，就把鱼挂到家门口，直到几天后鱼变得臭不可闻才把它们扔掉，从那以后，再也没有人敢给他送鱼了。

中国有句古话："有所为就有所不为。"有所得就必须有所失。什么都想得到，只能是生活中的侏儒。要想获得某种超常的发挥，就必须扬弃许多东西。盲人的耳朵最灵，因为眼睛看不见，他必须竖着耳朵听，久而久之，耳朵功能达到了超常的境界。生活中也一样，当你的某种功能充分发挥时，其他功能就可能退化。一个人能够约束自己的得利之心，懂得为自己的所作所为负责，即使在无人知晓的情况下仍能自律，在人生道路上就能把握好自己的命运，不会为得失越轨翻车。

不要给自己找任何借口

一个人要想成就事业，必须对自己毫不留情，不找任何借口，要像猎豹一样盯住猎物——唯一的目的就是擒住它。看一看我们周围，总有一些人在做事之前，先找借口，不能做这，也不能做那，实际上就是不能做自己。

有些人因各种借口造成的消极心态，就像瘟疫一样毒害着他们的灵魂，并且互相感染和影响，极大地阻碍着他们潜能的正常发挥，使许多人未老先衰，丧失斗志，消极处世。对于这些人来说，借口已经"吃掉"了他们做事的希望。

"我没有受过良好的教育""我没有文凭"，这是不少人常用的借口。事实上学习知识的途径多种多样，学校教育、文凭教育，仅仅是千百万条求知途径中的一种。其实，从学校的书本上学东西，常常有很大的局限性，真正的教育来自社会大学和自学。

我们来看看一些成功人物的教育与文凭情况："果喜集团"总裁张果喜，初中文凭；亿万富翁赵章光，高中文凭；美国钢铁大王安德鲁·卡耐基，13岁开始工作，几乎没接受什么正规教育；美国石油大王洛克菲勒，高中辍学；日本"经营之神"松下幸之助，小学四年级的学历。这些成功者的知识与能力全靠自学而来。

受到良好的学校教育，当然对成功有帮助。可惜的是，有无数受到良好教育，获得高等学历文凭的人同样平平庸庸、无所作为，没有受到良好学校教育的人，只要愿意，自学永远不晚。现在越来越多的成人教育和职业培训，为自学成才的人提供了广阔的天地。

"我没有资金，所以我不能成功"。事实是有资金可以帮助我们成功，没有资金，只要想办法同样可以创业赚钱，同样可以成功。当代中国百万富翁、亿万富翁，几乎全是白手起家。国外白手起家的富翁也到处可见。其实资金的来源途径很多，积少成多，大雪球都是从小雪球滚成的：向亲朋好友借钱集资、寻找一个有生财的门路、抓住机会找银行贷款、找有钱单位和个人合伙、集资入股——许多做大生意的人，都不是靠个人的资金，而是充分利用了银行和社会的闲散资金。

失败者大都喜欢找借口，成功者却大都拒绝找借口，向一切可以作为借口的原因或困难挑战。富兰克林·罗斯福因患小儿麻痹症而下身瘫痪，他是最有资格找借口的。可是他从来不找任何借口，而是以信心、勇气和顽强的意志向一切困难挑战，居然冲破美国传统束缚，连任四届美国总统。他以病残之躯在美国历史上，也在人类历史上写下了光辉灿烂的成功篇章。

此外，还有"运气"借口、"健康"借口、"出身"借口、"人际关系"借口等。拿破仑·希尔在他的《思考致富》里将一位个性分析专家编的借口表列出来，居然有50多个。拿破仑·希尔说："找借口解释失败是人类的习惯，这个习惯同人类历史一样源远流长，但对成功却是致命的破坏。"

然而，正像大多数传染病都可以治疗一样，"借口症"这种做事的心态病也是可以想办法克服的。办法之一就是用事实将借口驳倒，使它没有理由在我们心中立足，从而为我们做成事情打开成功的通道。

古人云："人生不如意事十之八九。"也就是说，人生不可能总是一帆风顺的，每个人都可能会遇到失意的事情，无论在任何时候，都不要失去斗志，才可以在人生的舞台上找到一片属于自己的天地。

进退有度，不可急功近利

做事时要掌握好进退的尺度，从而取得主动和利益，在占有优势的情况下恰当地采取"退"的策略，最终达到想要的结果，也不失为一种低调做人的大智慧。

只退不进难成气候，一味地猛冲容易碰壁，所以，掌握好进退的尺度是一个人成功的关键。与其处处碰壁，不如迂回通达，适时进退。有时，"退"是一种做人的方法，"退"是为了更好地"进"。

宋朝抗金名将宗泽，曾在滑州保卫战中采取"联合抗金"的策略，同许多地方的义军共同打退了金兵的南犯，在滑州保卫战中取得了重大的胜利。

战争结束后，老将宗泽为了再次迎战金军，在开封修建了许多防御工事，并且招募了大批兵马，然后准备从扬州回东京。他多次上奏请求回东京，高宗却害怕宗泽的兵力日趋强盛，身为前朝重臣的他一旦迎回徽、钦两位皇帝，自己的皇位便很难保住。因此，他派郭仲苟出任东京副留守，实则为监视宗泽。老将军满腔报国热情，没想到会被高宗猜忌，心中难免愤愤不平，但也只是敢怒而不敢言，一口怨气无处发泄。刚直不阿的老将每天吃不下睡不安，不久，便病倒在床，后因背上毒疮发作身亡。

高宗丝毫没有因为失去一员大将而遗憾，宗泽一死，他继而派杜充为东京留守。杜充上任不久，便将宗泽采取的一切抗敌措施废除，他不但拆除宗泽主持修建的防御工事，还刻意打击义军将领。就这样，老将宗泽费尽心血组织的百万武装力量，在一月之间就被拆毁得无影无踪。

在东京的一切抗金力量土崩瓦解之时，金国再次南犯，其统军大将粘罕，英勇无比，率金兵连下开封、大名、相州、沧州等地，宋军节节败退，粘罕率金军主力攻打到扬州，高宗赵构仓皇而逃，辗转多处，最终落足杭州。

昏庸的高宗皇帝，不但没有因为这次事件而清醒，反而更加宠信腐败无能的王渊、康履等人。而护送他到杭州的苗傅、刘正彦等人要求收复河北，他却不加理睬。

于是，苗傅、刘正彦等人一气之下，带领手下将士，举行了武装暴动。他们趁机杀死了无能的王渊。而后带兵直闯宫中，杀了百余名宦官，见高宗说："陛下赏罚不明，战士们为国流血流汗，不见奖赏，而宦官逆臣不见为国做事，却得以厚赏；宦官王渊遇敌不战，抢先逃走，其同党内侍康履，更是贪生怕死之徒，这样的人居然得到重用，如何服众将士？现我二人已将王渊斩首，唯有康履仍在陛下身边，为谢三军，请陛下将其立斩。"

高宗见形势不妙，只得斩康履而求自保。哪知苗傅等人并不罢休，对高宗说："陛下，徽、钦两位皇帝尚在，您便登坐皇位，二位皇帝如果回朝您将如何？"

高宗当然无言答对，只得许苗傅、刘正彦二人高官厚爵，但两人坚持请太后听政，高宗禅位皇太子。

这时，宰相朱胜非出来劝阻，结果仍然没有变化，高宗很难作出决断，但害怕苗、刘二人带人杀入宫中，到时更无回天之力，于是痛下决断，先解燃眉之急。高宗对朱胜非说："我应当退避，不过须有太后手诏，方可禅位。"宰相朱胜非因此将计就计，对高宗说："我曾听苗、傅的一心腹说过，他二人虽有赤胆忠心，但书读的不多且生来固执，此时一定无法劝说，所以，陛下暂且禅位，日后再寻找机会铲除二人，方为上策。"

这样，高宗便借太后手诏，禅位皇子，让太后垂帘听政。此后国家大事都由宰相朱胜非处理。朱胜非怕引起苗、刘两人怀疑，于是每日都让他二人上殿议事。苗、傅发现高宗仍然在暗中处决国事，便与刘正彦共同提出让高宗迁出宫中。

高宗气愤至极道："他们也太过分了，居然敢来干涉我的起居。"朱胜非则加以劝阻："暂时去显宁寺居住也好，这样就不会再遭怀疑，对以后复辟来说是件好事。"高宗此时也很无奈，只有听从朱胜非的建议了。

高宗出宫不久，平江留守张浚等便联络众将发兵讨逆，大举进发杭州，苗、刘两人见大兵压境，没有太多作战经验的他们慌了手脚，于是和宰相朱胜非商议对策，朱胜非说："此时兵临城下，要打，没有足够的兵力，我认为迅速改正，方为上策！"二人虽然最不愿走这条路，害怕高宗复位，二人性命不保，可是再三思考，仍然毫无办法，只有听从朱胜非的建议，请高宗复位。果不其然，不久苗、刘二人被杀。

在形势十分险恶的情况下，朱胜非劝高宗采取暂时的退却，禅位于太子，不但保住了性命，还为以后的复辟做了铺路石，在时机成熟时，又重新登上了皇帝的宝座。不难看出，这种退却的把握是相当有度的，虽然失去了暂时的身份地位，却为赢得最终的胜利埋下了伏笔。

过分坚持自己的想法并不一定能取得预想的效果，相反，如果采取一种"退"的策略，也许就是向胜利的方向迈进了一大步。

塞翁失马，焉知非福

"世事多变，得失无常"，所以人们不应因为得到而骄傲，不要因为失去而沮丧。古人云"塞翁失马，焉知非福"，说的就是这一道理。因此，一个有智慧有头脑的人，应该知道该放弃时就放弃。

春秋时期，范蠡辅佐越王勾践20多年，直至打败吴国成就霸业。越王有"孤将与子分国而有之"的美意，范蠡却毫不犹豫地谢绝了，并且离开了越国。他独自跑到齐国"耕于海畔，苦身勠力"，利用短短几年时间创下数千万产业。齐王有让其做宰相之意，可是范蠡仍然谢绝了。有人问他原因，他这样说："平民百姓能够在家做千金，在朝做卿相，就是最高的殊荣了，但是，这样的身份做久了，不知道会有怎样的结果。"他丝毫没有遗憾地再次放弃了高官厚禄。在齐国散尽家财后，他隐姓埋名在一个叫陶的国家，再一次开始了艰难的创业，谁想，他又在这个国家创下了巨万家资。

可是，范蠡的儿子们却一个也没有他的胆识与魄力，尤其是大儿子，非常贪恋钱财，并因此害死了自己的亲弟弟。

事情是这样的，范蠡的二儿子在楚国犯了死罪。范蠡比较信任小儿子，所以准备了一车金银财宝，让小儿子带去楚国救回二儿子。可是没想到大儿子却不高兴了，对范蠡夫妇说："二弟有罪竟然让小弟去搭救，那我这个哥哥还有什么用呢？"于是要自杀，做父母的怎能忍心看着儿子死在自己的面前呢？范蠡不得已，只好让大儿子去了楚国。

临走时，范蠡让他去楚国找自己的老朋友庄生帮忙，并且告诉他说："你到了楚国，把这些金银财宝全部给庄生，然后听他的安排，不要自己盲目行事，他会全力帮助你。"

于是，大儿子驱车到了楚国。来到庄生家里，见庄生家里一贫如洗，很不以为然，但由于父亲再三叮嘱，他还是把带来的金银财宝留给了庄生，庄生嘱咐他说："楚国是不安全的地方，你赶快回去，你弟弟的事情不用担心，我会想办法。"但大儿子根本没把他的话当回事，自己在楚国住下来了。并且用自己私自带的钱，贿赂楚国的权贵们。庄生送走范蠡的大儿子后，便对他老婆说："这些财宝都是范蠡的东西，不要动，事情办好后，我还要把这些东西

157

还给他。"说完，便急匆匆地去见楚王，庄生虽然贫穷，但出了名的廉洁、耿直，楚王很欣赏他的个性和才华，对他的意见也乐于采纳。他对楚王说："治国的根本在于为百姓做事，消除天灾。"楚王当即下令大赦天下。范蠡的大儿子正去一位贵族家送礼，听说楚王大赦天下，弟弟出狱是理所当然的，庄生没有做任何事情，却白白地得了一车金银财宝，不能就这样算了，于是又去见庄生说："我弟弟运气好，刚好赶上楚王大赦天下，估计他很快就会出狱，所以我也要回家了，今日特来向您辞行。"

聪明的庄生怎么会不明白他的来意呢，便让他带走他的东西。贪财的大儿子真的将金银财宝带走了。庄生从来没有受过这样的羞辱，于是又去见楚王，说："楚王陛下，我在街上听到了很多关于这次大赦天下的传言，百姓们都在说，您这次大赦天下根本就不是因为怜惜楚国的臣民，而是为了范蠡的儿子。我仔细盘问才知道，原来是范蠡的儿子犯了死罪，但是他很有钱，让他的家人带了很多金银珠宝贿赂官吏，最后赶上您大赦天下，所以不知道实情的百姓才有这样的想法。"楚王听后，气愤不已，下诏立斩范蠡的二儿子。

范蠡的大儿子就这样因为不舍得放弃一车财宝而葬送了弟弟的性命，不禁让人们为之惋惜。伏尔泰说："使人疲惫的不是远方的高山，而是鞋里的一粒沙子。"那么我们就要随时倒出"鞋里"的那粒"沙子"。放弃这小小的"沙粒"我们就会"轻松"地登上远方的"高山"。但如果我们什么也不肯放弃，那么我们失去的也许就是非常珍贵的东西，所以我们切莫为了一粒沙子而放弃整座高山。

荷马·克罗伊是一位写过好几本书的作家。以前他写作的时候，常常被纽约公寓热水灯的响声吵得心烦不宁。蒸汽会砰然作响，然后又是一阵噼里啪啦的声音，这些噪音使他大叫大骂环境的恶劣。后来，荷马·克罗伊说："有一次我和几个朋友一起出去宿营，当我听到木柴烧得噼啪作响时，我突然想到：这些声音多像热水灯的响声，为什么我会喜欢这个声音，而讨厌那个声音呢？我回到家以后，跟自己说：'火堆里木头的爆裂声，是一种很好听的声音，和热水灯的声音差不多，我该埋头大睡，不去理会这些噪声。'结果我果然做到了：头几天我还会注意热水灯的声音，可是不久我就把它们整个给忘了。"很多其他的小忧虑也是一样，人们应该放弃对它们的注意，不要被它们弄得整个人很颓丧。狄士雷利说过："生命太短促了，不能再只顾小事。"

很多人就是放不了那些不值一提的小事，像吉布尔这样有名的人，有时候也会忘了"生命是这样的短暂，不能再顾及小事的道理"。其结果呢？他和他的舅爷打了维尔蒙有史以来最有名的一场官司——这场官司打得有声有色，后来还有一本专辑记载着，书的名字是《吉布尔在维尔蒙的领地》。

故事的经过是这样：吉布尔娶了一个维尔蒙的女孩子凯琳·巴里斯特。他在维尔蒙的布拉陀布罗造了一座很漂亮的房子，在那里定居下来，准备度他的余生。他的舅爷比提·巴里斯特成了吉布尔最好的朋友，他们两人在一起工作，在一起游戏。然后，吉布尔从巴里斯特手里买了一点地，事先与巴里斯特协商好，可以每一季度在那块地上割一次草。有一天，巴里斯特发现吉布尔在那片草地上开辟了一个花园，他生起气来，暴跳如雷，吉布尔也反唇相讥。

几天之后，吉布尔骑着脚踏车出去玩的时候，他的舅爷突然驾着一部马车从路的那边转了过来，逼得吉布尔跌下了车子。而吉布尔——这个曾经写过"众人皆醉，你应独醒"的人——也气昏了头，告到官府里，把巴里斯特抓了起来。接下来是一场很热闹的官司。大城市里的记者都挤到这个小镇上来，新闻传遍了全世界。事情没办法解决，这次争吵使得吉布尔和他的妻子永远离开了他们在美国的家，这一切的忧虑和争吵，只不过为了一件很小的小事：一车子干草。

下面是哈瑞·爱默生·傅斯狄克博士所说过的故事里最有意思的一段，它描述的是一个森林巨人在战争中得胜和失败的经历。

在科罗拉多州的山坡上，躺着一棵大树的残躯。自然学家告诉人们，它曾经有400多年的历史。最初发芽的时候，哥伦布刚在美洲登陆。第一批人移民到美国的时候，它才长了一半大。400年来，无数的狂风暴雨侵袭过它，它都战胜了它们。但是最后，却在一小队甲虫的攻击下倒在了地上。那些甲虫从根部往里面咬，渐渐伤了树的元气。虽然它们很小，但持续不断的攻击，使这样一个森林里的"巨人"结束了它的生命。

做人岂不像森林中那棵身经百战的大树？成长过程中，也经历过无数次狂风暴雨和闪电的打击，但人们都撑过来了。可是却会为生活中一些繁杂的小事，牵绊住你们的心，这么做值得吗？

几年前，莫桑去了怀俄明州的提顿国家公园，和他一起去的是怀俄明州的一位学者查尔斯·西费德，还有其他几位朋友。他们本来要一起参观洛克菲勒建在公园里的那栋房子，可是莫桑坐的那辆车转错了一个弯，迷了路。等到抵达那座房子的时候，已经比其他人晚了一个小时。西费德先生没有开公园大门的钥匙，所以只能等莫桑来了以后才能进园。当时，他们身处一个又热、蚊子又多的森林里，其他人都急躁地用衣服驱赶蚊子。可那些能令圣人发疯的蚊子，并没有办法赢过查尔斯·西费德。在等待莫桑期间，他折下一段白杨树枝，一心一意地制作着笛子，当莫桑赶到时，不禁被他的举动惊呆了，在如此恶劣的环境下，他不是忙着赶蚊子，而是在做笛子。后来莫桑请求西费德将那个制作好的笛子当作礼物送给他，纪念一个可以忽略小事的人。

生活中，没有任何一件东西能够永远地属于谁，因为人们都是紧握拳头而来，平摊双手而去，到生命终结的那一天，再好的东西也不再属于你。这就提醒人们，要无欲无求地潇洒度过人生，时刻都要记得该放弃的事情就放弃，尤其是那些不值一提的小事，更要放弃，这样才能够取得成功。

适可而止，贪婪无益

遇事较真儿、穷追不舍，这并不是做人应有的态度，这么做，于人于己都没有任何好处。聪明人在争取个人利益时，切不可把对手赶尽杀绝，凡事应适可而止。

现实生活中，许多人说话、做事都喜欢赶尽杀绝，不给别人留余地，以此来显示自己的"本事"，如此一来原本和谐的场面，搞得乌烟瘴气，使对方陷入尴尬中。其实，要想应付这样的人，就要让他亲自感受一下陷入尴尬局面的滋味。一旦他体会到其中的辛辣，再遇事时，也就能做到站在对方的立场上，替别人考虑了。

人一旦处于窘困状态，就不仅仅会用气来惩罚别人，也会惩罚自己，他气自己的无能，怀疑自己生存的价值和意义，一旦这种心理产生，就会将人的情绪打入低谷，萌生强烈的人生挫折感和失落感。如果你曾经体会过这种滋味，就应当用一颗慈悲的心，设身处地的为对方想一想。

如果你的能力、财力等各个方面都要强于对方，换句话说，也就是你完全有能力收拾对方，这时你更应该偃旗息鼓、适可而止。因为以强欺弱并不是光彩的行为，即使你把对方赶尽杀绝了，在别人眼中你也不是个胜利者，而是一个无情无义之徒。

如果你根本没有胜对方的把握，还一意孤行想把对方赶尽杀绝，无形中就相当于拿鸡蛋往石头上碰，毫无意义可言。

　　人们常说："做人不要做绝，说话不要说尽。"常言道："凡事留余地，日后好相逢。"不管做什么事，都不能走向极端，堵自己的退路。特别在权衡得失时，务必要做到适可而止，切不可贪得无厌。

　　做人如同打牌，与人相交，不论对待什么样的人，同性知己或者是异性朋友，都要凭着适可而止的心态对待。君子之交淡如水，这是避免势尽人疏、利尽人散的最好方法。真正的友谊，并不是要走得多么亲密，往往在平淡的交往中才能体现出真感情。越是关系紧密的朋友，双方越容易产生矛盾，就越容易反目成仇。因此说："蒙恩深处宜先退，得意浓时便可休。"著名诗句"两情若是长久时，又岂在朝朝暮暮"，也验证了适可而止的道理。

　　适可而止，凡事留余地，不光可以运用到利与弊的权衡上，还可以用作阐述退却与逃跑的道理。当别人的势力强过自己，而自己尚且没有因此受到太大损失时，逃跑、退却是保全自己最好的方法，留得青山在，不怕没柴烧。

　　《三十六计》最后一计是"走为上"，曰："全师避敌，左次无咎，未失常也。"译为全军退却，避开敌人，以退为进，待机破敌。

　　这一计说得通俗一点就是退却和逃跑。当你面临对方强大的压力，自己却无力回天时，只有三条道可选择：投降、和谈、退却。如果你选择投降，那代表你已经完全、彻底的失败了；选择和谈则是失败了一半的象征；可是逃跑、退却并不是人们眼中的懦夫所为，也不是失败的表现，而是转败为胜的关键。

　　表面看来是逃跑、退却，不是光明磊落的作为，而实际却是最高的战法，它具有切实的可用性，可使人受益无穷。

　　其实，以上的说法只是为了阐述一条做人的道理，那就是"随退随进"。所谓随退随进，并不是懦弱的象征，而是生存的一种大智慧。苏东坡在《与程秀才书》中曾讲道："我将自己的全部命运，完全交由老天爷决定，听其运转，顺流而行，如果我遇到低洼就停止下来，这样不管是行，还是止，都没有什么不好的了。"在苏东坡这一说法中，强调的是人应当顺应天意，进退不强求。这就好比是大自然的阴晴，月亮的圆缺，四季的更换，天气的冷暖。所有美好的事情，都只是人们对美好生活的向往，人生在世能一帆风顺实属难得。

　　庄子曾讲，穷通皆乐；苏轼则言，进退自如。不管是庄子的主张，还是苏东坡的看法，其实都指的是同一种做事的策略。穷通说的是人实际的境况遭遇，而进退说的是人主观的态度、行动。

这时，无论是强的一方，还是弱的一方都应该权衡利弊，适可而止，别再以牙还牙，不然只会使一方遭受打击，为自己树立一个敌人。那么怎样才能做到适可而止呢？

（1）给对方一个台阶下

所谓冤家宜解不宜结，解决问题最好的方法就是给对方一个台阶下，让他忘记你的仇，记住你的恩情。

求人办事难免会有吃亏受气的时候，如果受了气，你不妨把注意力转移到解决问题的对策上，而不要停留在与人斗气上。与人斗气，百害而无一利，斗不斗得过对方不说，还浪费了不少时间和精力，对解决问题也没有任何好处。

因此，在遇事后，必须改变一下思维模式，另辟蹊径寻找解决问题的办法。问题解决后，你所受的气自然会消失得无影无踪，这时候你还不解气，让那个气你的人陷入尴尬境地，那就显得太不会为人了，何不就此了事，适可而止岂不是更好。

这次人家给你气受，你将对方赶尽杀绝，说不定什么时候你又会求到他，如果对方记你的仇，那你不但事情办不成，还会受更大的气。相反，如果你能适当地给他一个台阶下，他还会感念你的恩情，下一次求他办事时也会更加为你卖力。

（2）别把事情做绝，化敌为友最好

有些人受了气后，会产生报复心理，也会寻找报复机会。这种心理绝对要杜绝。相反，如果一个人完全有能力收拾对方，而他却放弃了这个天然优势，从另外一个角度巧妙地应用了这一优势，以一种大度宽容的方式对待对方，以此换得对方的感激，这么做岂不是更加明智吗？不但排除了树敌的可能性，而且还有可能多一个好朋友。

朋友多了路好走，社会实力就会强大，也可以提高自己的社会影响力，对于矛盾的双方而言，这样的结局无疑是最为理想的。所以在处世过程中，要适可而止，千万不要把事情做绝，断了自己的后路。

第八章

做人低调一点，
遇事虚心对待

　　永远不要轻易暴露自己的目标，更不要让自己的锋芒在别人的眼前晃动。人生好比一场战斗，要学会隐藏自己，只有学会防守，才能在运筹帷幄中等待进攻的时机，而低调做人正是隐藏自己的一把保护伞。在为人处世的过程中，要学会低调做人，深藏不露，绝不可做那只自我炫耀的孔雀，要懂得把喜怒哀乐深藏于心。

低调做人是根本，过度张扬遭人妒

许多年轻人都喜欢但丁的那句名言："走自己的路，让别人去说吧！"的确，能够这样做是何等的洒脱？但是许多人误把任性和张扬当作洒脱，他们不知道这种所谓的洒脱会在无形中招来很多麻烦。其实做人是一种艺术，能够把个性融入创造性的才华和能力中，是一门更高境界的低调处世的艺术，只有掌握了这样的艺术，才能在自己的生活中做到游刃有余。

当今社会，许多图书、杂志、电视等媒体都在宣扬个性的重要。的确，许多名人都表现出非同寻常的个性，像爱因斯坦，生活极其不拘小节；巴顿将军，性格粗暴至极；画家梵高，缺少理性、充满艺术妄想。这些人因为在各自的领域中有突出的成绩，所以媒体开始宣扬他们的怪异行为，误导了许许多多的年轻人，让他们认为：怪异行为是天才的标志，成功的秘诀。事实上，这绝对是荒谬的观点。

大科学家牛顿说："如果说我比别人看得更远一点，那是因为我站在了巨人肩上的缘故。"相信其他名人也有同样的心态，所以他们的个性并不是表现在高人一等的傲气和张扬方面，而是体现在低调做人的风格上，这样才使他们的特殊个性得到社会的肯定。

年轻气盛所表现的个性内容和这些名人有很大的区别：

首先，年轻气盛的人希望别人崇拜自己，所以表现欲非常强烈，这其中还夹杂了许多情绪。比如，他们不喜欢束缚在条条框框中，渴望淋漓尽致地发泄自己的情绪。这些与那些"天才"或大人物所表现的个性张扬是完全不同的两种做人姿态。

其次，年轻气盛的人都希望完全释放自己的情感，所以表现得极其任性、意气用事，甚至还会放纵自己的缺点和陋习，这样的张扬个性与那些名人更是有巨大的区别。

由此可见，我们在释放自己情感的时候，千万不要忽视低调做人的优势，更不要把张扬个性当成纵容自己虚荣心的借口。时刻谨记，我们来到这个社会上，首先是把自己的个性融入创造性才华和能力之中，以低调的姿态为社会创造出价值，然后再表现自己的个性，这样才会被社会所接受。反之，如果个性仅表现为一种脾气，而没有丝毫的兼容性，那么必然会导致不好的结果。

宋代大诗人苏轼可谓才华横溢，却命运多舛，究其原因其实就是因为他的恃才傲物，不懂得低调做人，引起了很多的人妒贤嫉能。

北宋神宗在位期间，支持王安石变法，有许多官吏不同意使用新法，这样就形成了支持变法的新党派和反对变法的旧党派。旧党派的代表人物是司马光，新党派的代表人物当然就是主张变法的宰相王安石。苏轼同这"两党"的代表人物都很要好，所以就个人感情而言毫无偏爱之心。但是他认为王安石要革新旧的立法理念固然好，但是在改革措施、举荐人才方面，都非常欠妥。所以，他对王安石变法持反对态度。这样一来，司马光自然高兴，以为苏轼是他的一党，所以对苏轼大加称赞。

在王安石紧锣密鼓地筹办新法的同时，司马光也在紧急搜罗帮手，阻止王安石推行新法。正在这紧要关头，司马光想到了苏轼，便来到苏轼的住所，毫不客气地对苏轼说："王安石敢自行其是，冒天下之大不韪，实在是胆大妄为，我们应该想出对策阻止他的这种行为！"可没想到，苏轼竟然用蔑视的口吻说："你那套'祖宗之法不可变'的理念早就过时了，王安石至少知道从大局来看事情，为国为民着想，虽然有祸国殃民的可能，但是也比你的理论更值得赞扬。"此话一出，毫无疑问，司马光勃然大怒，拂袖而去还不忘骂苏轼："好个介甫之党！"

苏轼不但有知无不言、言无不尽的张扬个性，还有一颗爱国爱民的赤子之心。于是，在短短的两个月间，他给神宗皇帝上了《上神宗皇帝书》《再上皇帝书》两道奏章，全面批评了王安石的新法，朝野上下无不震惊。王安石的新党派人士更是恨得咬牙切齿。

王安石当然不会无动于衷，便派谢景温把苏轼请来，设宴款待苏轼。席间，王安石愤怒地斥责苏轼道："你同司马光站在一边，竭力反对新法，用心何在？"苏轼听了这样的斥责，忍不住火气道："你说这话是什么意思？"王安石说："仁宗在时，你主张革新立法，打破传统理念，而且其意非常坚决，如今到我王安石推行新法，你却又伙同司马光排斥我，还敢说没有任何目的？"苏轼更怒："既然话你已经挑明，那我就告诉你，我既反对司马光'祖宗之法不可变'的泥古不化，又反对你不审时度势，贸然推行新法的草率行为！"说罢拂袖而去。

不久便有人上书诬告苏轼，说他利用官船贩运私盐，虽然官方调查并无此事，但早已厌恶朝廷争斗的苏轼，并没有为自己争辩，于是就被贬杭州任杭州通判。

苏轼虽被贬，但是他仍然为国为民着想，在杭州、徐州辗转期间，兴水利、救水灾，为百姓做了不计其数的好事。几年后，苏轼又从徐州迁到湖州。此时朝廷的新党派内部钩心斗角，相互倾轧。最终王安石被贬庶民，李定、舒宣等人独霸了朝权，苏轼看到朝廷发生的这些事，气愤不已，于是在给朝廷上谢表时加了这样的词句："知其愚不适时，难以追陪新进；察其老不生事，或能牧养小民。"这份谢表正给小人一个弹劾他的"时机"，李定、舒宣等人唯恐闻名于天下的苏轼东山再起。于是，决定借此机会弹劾他，结果弹劾成功，苏轼被神宗勒令拿问。

这就是中国历史上著名的文字狱——"乌台诗案"。此后，苏轼又被贬为黄州团练副使，由于功绩显著，连升几次官，累迁中书舍人、翰林学士制法、侍读等职。但又因为其直言不讳，意见与朝臣不符，被贬琼州别驾。在琼州，苏轼以他坚忍超脱的态度不仅活了下来，还为海南岛的百姓作出了巨大的贡献。在他的精心治理下荒凉的海南发生了巨大的变化。

才华卓著的人总是不能被人们遗忘，苏轼终于在宋徽宗赵佶即位后，为调和新旧两党的关系被诏还朝。

苏轼这一生的波折，追根究底是因为他张扬的个性，如果他说话委婉些、处世低调些，就不会同时激怒王安石和司马光，成为众矢之的。

由此可见，无论你是什么样的人，都不要尽显张扬，只有采取低调处理事情，才能在处理复杂的人际关系中左右逢源。

善于隐藏，静观其变

自古以来，中国人就善于韬光养晦之术，这是保身求发展的大智慧。因为你的所做所为有很多人在盯着，为了打消别人对你的注意力，不妨用此策略，做一个让人看不破、猜不透的人。

《韩非子·二柄》中说：如果君主将自己的真实性情、所好所恶肆无忌惮地表现在众臣子面前，臣子们就会想方设法寻找投机的机会，在君主面前表现出好的一面，如果君主不将喜怒溢于言表，臣子们就会显出本色。这样，君主就不会受到欺骗。

春秋时期，郑庄公粉碎弟弟共叔段密谋造反时使用的就是"隐藏"这一策略。

郑武公于公元前743年将王位传给了郑庄公。庄公之母对武公的这一决定表示反对。因为，庄公出生时难产，其母武姜为此受到惊吓，从此就讨厌他，认为他是不祥之人。

庄公继位以后，其母屡次诋毁庄公，并为小儿子共叔段要了很多地盘，但姜氏并未满足，又逼迫庄公把京城划分给共叔段。

共叔段得到京城后，在那里不断地扩张自己的势力，在其母的帮助下准备里应外合，谋权篡位。

庄公明知母亲不喜欢自己，也知道共叔段与母亲密谋造反的事。但他却没有采取任何行动，而是静观其变。他明白想要破除弟弟的阴谋，必须欲擒故纵。将欲废之，必固举之，将欲夺之，必固与之。只有这样才能等待良机，一举歼灭。

随着共叔段势力的不断扩大，郑国大夫祭仲向庄公进谏说："共叔段暗地里招兵买马、扩大势力，迟早要给郑国带来灾难。"庄公却说："这是国母的意思。"祭仲建议庄公立刻铲除共叔段防患于未然。可他却说："你就等着吧。"在庄公的纵容下共叔段更加大胆，很短的时间内就占领了京城附近的两座小城。

郑大夫公子吕劝庄公说："一山难容二虎，一个国家也不可能有两个国君，假如你要把国王的位子拱手相让于共叔段，那么作为臣子的我们就去为他当大臣；如果不想交权予他，就必须赶快铲除他，以免老百姓有二心。"庄公表面上假装很生气，实际上却将公子吕的劝告完全记在了心里，对他说："这事你不要管。"

郑庄公对当时的局势很清楚，他知道过早动手，肯定会遭到别人的议论，认为他杀害亲弟弟实在不仁不义，更何况其母也站在共叔段那边，牵连到母亲即被扣上不孝的帽子，因而他故意放纵共叔段让其阴谋公开于天下，直到共叔段和姜氏密谋里应外合时，才下令讨伐。最终共叔段被迫过上了逃亡的日子。

其实，庄公对于共叔段招兵买马、扩大城池的行为并非视而不见，而是故意姑息，将自己置身于复杂时局之外，静观共叔段的一切举动，等待时机成熟后，举兵歼灭一举夺冠。

在复杂的社会中存在着许多假象，人也同样如此。遇到某些问题有些人表面看起来若无其事，实际上他们心中早已经预测到事情的发展方向。因为，在复杂的时局变幻中很多人都忽略了对"迂腐"人的防备，正因如此，才给那些"迂腐"人创造了观察、分析事情发展趋势的机会。所以才说"迂腐"的人才能静观风云变幻。

耐心接受考验才能取得成功

耐心更多表现在一个人的心里，是铁杵磨成针的毅力，是十年寒窗的勤奋，是坦然面对失败或成功，是胜不骄、败不馁的心境。而考验，也许是飞来横祸，国破家亡；也许是鲜花掌声，万人崇拜；也许是茫茫黑夜，不见光明；也许是明枪暗箭，冤屈误解。

平和心情，耐心地接受考验，更容易成功。越王勾践卧薪尝胆，耐心寻找机会，终于成就霸业。吴王夫差迷失于一时的成功，四处炫耀武力，导致国破人亡。低调做人，耐心处世，才是成功的保障。

能耐心接受考验的人知道如何等待，有耐心等待的人往往会获得最后的成功，为人行事低调不仓促，不受情绪波动的困扰，任尔东西南北风，我自岿然不动。坚持耐心做事，积极寻找机会。

西晋时期的石苞就是这样，他面对误解，低调坦然，耐心接受考验，终于使晋武帝自省，解除了自己的危机。

石苞为人沉稳，战功赫赫，是当时一位非常有名的将军，深得皇帝司马炎的信任。石苞平时努力、认真地做事，尽职尽责，在百姓心目中很有威望。

那个时候，天下还未统一，长江以南还是由吴国统治，吴国时常出兵进攻晋朝。晋武帝司马炎便派他带兵镇守边防，抵抗吴国的进攻。

石苞出身贫寒，为人正直。因此，朝中有一部分人暗中嫉恨他。有一位官员叫王琛，当时在淮北一带做监军，他听到一首歌谣说："皇宫的大马变成驴，被大石压着不能出。"他认为这"马"当然说的是皇帝司马炎，而这"石头"当然就是说的是石苞了。于是，他就悄悄跟司马炎密报石苞背叛晋朝，意图谋反。

就在王琛诬告石苞前不久，迷信风水的司马炎也听一个法师预测说："东南方将有大将造反。"石苞刚好就在东南方位，因此在看到王琛对石苞的诬告以后，司马炎就开始怀疑石苞了。

正在石苞遭受司马炎猜忌的时候，荆州官员送来了吴国派大军进犯晋朝的报告。同时石苞也得到了探子的密报，立即着手战斗准备，开始修筑防御工事，封锁通道，准备抵御吴国的进攻。司马炎听说石苞加固城墙准备战斗的消息后，不由得更加怀疑石苞的用意，就问中军羊祜说："吴国军队进攻的套路一向是东西呼应，两面夹击，这次怎么会只在一边。难道石苞真的有意谋反？"羊祜认为不会，但是羊祜的看法并没能打消司马炎对石苞的怀疑。

正在这个时候，又一件事情发生了。当时石苞的儿子石乔也在朝中任职。有一天，司马炎召见他，可石乔很长时间也没有消息，更别说去报到，这彻底引起了司马炎的怀疑。于是他秘密派兵，准备出其不意讨伐石苞。

在出兵之前，司马炎发布了一个罢免石苞官职的文告，认为石苞没有得到准确消息就封锁交通，修筑工事，严重扰乱了百姓的正常生活。然后就派遣大将带领重兵前去征讨石苞，同时还调来另外一支人马从前方包抄，以形成对石苞的合围，尽可能使得石苞不能逃跑。

但是对于这一切，石苞一点都不知道，还是一如既往地练兵守城，准备应付吴国的进攻。直到灾难临头，司马炎派兵讨伐他的时候，他还感到莫名其妙。为人非常有耐心的石苞心想："自己一向对朝廷忠心耿耿，从没有做什么违法乱纪的事情，怎么会被皇帝派兵征讨呢？这里面肯定有误会。而且自己为人一向光明磊落，上对得起国家，下无愧于百姓，用不着畏惧，见了皇帝一切都会明白的。"于是，他采纳了部下的意见，放下武器，打开城门，没有做任何的反抗和辩驳，只身来到都亭住下来，等候司马炎的处理。

司马炎听说了这些事情以后，顿时清醒过来，他想："指控石苞反叛的事情本来就没有什么真凭实据。况且石苞如果真要反叛朝廷，他修筑好了防御的工事，大兵到来他早就反抗了，怎么会只身出城，坦然接受处罚呢？再说，如果石苞真的投降吴国，怎么没有敌人前来帮助呢？司马炎也不是一个彻头彻脑的糊涂蛋。"经过一番仔细的揣摩，司马炎对石苞的怀疑一下子打消了。

果然，石苞被送回到朝廷以后，不但受到了司马炎的盛情优待，还愈加得到重用和信任。

俗话说："不做亏心事，不怕鬼敲门。"石苞的故事说明了一个道理：在意外的危难面前，在事情的紧急关头，更应该冷静地对待，低调地处理，要多一份耐心，对于自己所遇到的不幸遭遇和艰难处境，要耐心对待，不要因此心惊胆战慌了手脚，也不能气愤不平，做出冲动的事情。只要耐心处世、冷静面对，总有云开雾散的时候。

人的一生不可能没有一点波澜起伏，也不可能一马平川，不遭受一点挫折。不一定什么时候，寂寞、孤独、失败、委屈、误解、鲜花、掌声、成功、辉煌都会出现。在这个时候，耐心平和的态度、低调的姿态，是接受考验脱离困境、成就事业的保障。

一般而言，任何东西处于不平的状态都会出声，这是事物的常性。心胸宽广的人看事情能够看得更长远，却不计较眼前的小事。他们认为即使别人得到的多，自己得到的少，也没有必要去计较；别人自以为是，诋毁贬低自己，也不用放在心上；就算别人强大富有、位高权重，自己弱小贫穷、一无所有，也不用自叹自怨。

生命就是一种旅行，能够不时碰到一些新鲜的东西，这些事物可能是机遇，也可能是考验。但不管是什么，都应该低调做人，耐心处世。心胸要宽广，心态要平和，不去计较那些小事，才不会被羁绊住双脚，才会实现突破。

有一位老先生收徒弟，这位先生知识渊博，很有智慧，在当地德高望重，因此向他拜师的人很多。

但是老先生收徒弟有一个习惯，那就是每个人想要拜师都要接受一个考验。这个考验也很简单，就是在徒弟进门后，老先生肯定要安排徒弟去做一件事情，那件事情就是：扫地。

安排完了之后，老先生就闭目养神。过了一段时间，徒弟来跟老先生禀报，已经把地扫好了。老先生就问徒弟："你扫干净了吗？"徒弟说："扫干净了。"老先生又慎重地问道："真的扫干净了？没有遗漏的地方吗？"徒弟认真考虑了一下，肯定地说："所有的地方都扫干净了。"这时，老先生叹息一声，说："好了，你现在可以回家了。"徒弟听了以后感觉很奇怪："怎么刚来就让我回家？这是什么意思，不收我了？""是的，你没有通过考验。"师父摆摆手，徒弟百思不得其解，只好走人了。

原来，老先生事先在屋子拐角旮旯处丢下了几枚铜板，看徒弟能不能在扫地的时候发现。有些人心浮气躁，没有耐心，还有些人更是偷奸耍滑，不认真做事。这样的人是不会认认真真地去打扫那些拐角旮旯处，自然也不会看到铜板，更不可能交给老先生。老先生的考验其实很容易，通过做这样一个很简单的事情就检验了徒弟是否有耐心，不能不说老先生睿智。如果徒弟藏匿了铜板不交给老先生，那问题就更大了，就不只是性格上的问题，而是品格欠佳，这样的徒弟自然更不能要了。

有人这样形容过猫捕鼠的情形：一日下午，去磨坊，刚进门，陡然看见家里的老猫伏在墙角，不远处的墙缝有一小洞，明白老猫是盯上老鼠了，于是悄然退出。半小时后，再去观察，老猫仍在原地，又半小时，仍未动，一直偷偷察看了三次，没见任何动静，老猫静伏如故。主人不耐烦了，于是走开。傍晚在院子里却看见老猫从磨坊里窜出，嘴里叼着一只还在抽搐的老鼠，主人心里不由得大为叹服。

也许有人认为这跟守株待兔没什么两样，细细想来，其实是两码事。在这次捕鼠的过程中，双方比拼的就是耐心。老猫将耐心发挥得淋漓尽致，终于等到老鼠从洞里出来。相反，老鼠明知道天敌在外面虎视眈眈，虽然在洞里耐心地等待了好长时间，却没能坚持到最后，最终成为老猫的美餐。

耐心如同盛水的杯子，成功就是盛在杯子里的水，杯子越大盛放的水也就越多；耐心如同遮风避雨的房子，房子越坚固，住在屋里的人越安全；耐心就是用来捞鱼的网，网上的线越密，捞住鱼的机会就越大。

深沉是一种做人的大智慧

深沉是一种修养，也是一种气度，更是一种智慧。在当今这个到处充满变数的社会里，保持深沉，做一个别人看不透的人，是做人的智慧，也是处世的哲学。

看似忠贞的人未必表里如一，貌若愚憨的人未必真愚，就是这样让对方无法看破的智慧，才是高明的智慧。诸葛亮空城计吓退司马懿，郑庄公谈笑间挫败共叔段，都是这种智谋的运用。

韩非子在他的文章中吐露了这样一个观点：保持深沉，不让人看破是君王驾驭臣子的有效手段。他认为，如果君王将自己的喜好厌恶、性情脾气都让大臣们知道得很清楚，那么臣子们就不会认真做事，只会研究揣摩君主的意思，做到投其所好，摒其所恶。如果保持深沉，让大臣们根本不知道君主是怎么想的，朝臣们就会尽心尽力办事。同时，保持深沉，不让人识穿也是处变不惊，反败为胜的一种战略。

看过《三国演义》的人没有一个不佩服诸葛亮的，他出隆中火烧博望坡，过江东舌战群儒，三气周瑜，草船借箭，借东风神机妙算，其中，空城计智退司马懿最为精彩。

三国时期，诸葛亮北伐中原，但因为错用马谡而失掉战略要地——街亭，迫不得已只好让人马撤退。为防魏军乘势追击，他让关兴、张苞两人各带几千人马，在关键地段布置疑兵。

然后，诸葛亮就下令大军悄悄收拾行装，分别从各自驻地快速撤回四川。等到他一切都安排妥当，也准备撤离之时，魏将司马懿已经率领大军向诸葛亮所在的西城赶来。西城只是个弹丸之城，易攻难守，根本无法挡住曹魏大军。而且诸葛亮身边只剩下一些文官，连一员武将也没有，士兵也尽是老幼病残，根本无法作战，情况万分危急。眼前的形势很明显，战不能战，逃也逃不掉——此地路径狭窄，唯一的大道已被司马懿占住。再加上辎重行李多，马匹、车辆少，逃不出多远，就会被司马懿大军赶上。

众人不由得万分恐慌，诸葛亮亲自登上城楼观望，果然，不远处尘埃冲天蔽日，连大军奔走声也隐约可闻，形势迫在眉睫，而且就眼前的形势来看，怎么样都是死路一条。不想诸葛亮略做思考之后，却告诉众人，他已经想到了一个很好的办法，可以让大家平安无事。

于是，诸葛亮就开始准备，他让士兵把所有的旌旗都收藏起来，并打开城门，让几十个士兵装扮成老百姓的样子，在城门口洒水扫地，一切显得好像什么事情都没有发生似的。诸葛亮自己头戴纶巾，身披鹤氅，领着两个小书童，带上一张琴，到城上望敌楼前凭栏坐下，燃起香，然后安然自得地弹起琴来。

司马懿的先头部队到达城下，见了这种情景感到莫名其妙，慑于诸葛亮的威名，不敢轻举妄动，就急忙返回去向主帅司马懿报告。司马懿听后不相信有这样的事情，就自己亲自前来观看。到了以后，司马懿发现果然和报告的一样：诸葛亮端坐在城楼上，笑容可掬，正在焚香弹琴。左面书童手捧宝剑，右面也有一个书童，手里拿着拂尘。城门里外，几十个百姓模样的人在低头洒扫街道，大军虽然前来，却旁若无人，一点紧张的气氛都没有。

司马懿有些纳闷，仔细观察了很长时间，无论从对方人物的表情动作还是诸葛亮所弹出的琴声中，都看不出一点破绽，更弄不清楚诸葛亮究竟在玩什么花样。属下将领见到这种情景，忍耐不住，纷纷请令杀进城去活捉诸葛亮。

深知诸葛亮为人的司马懿却不敢有丝毫的大意，他没有同意将领们的意见，认为一生谨慎行事的诸葛亮肯定是另有所图。正在这个时候，司马懿感觉到诸葛亮的琴声之中隐含杀机，于是连忙下令全军撤退。

等退了没有多远，诸葛亮设置的两路疑兵就摇旗呐喊，纷纷涌出，司马懿更加坚定自己的想法，赶紧带领大军仓皇返回。

诸葛亮见空城计吓退了司马懿，连忙抓住时机，带领余下人等，从容撤出西城，退回四川。

保持深沉，让对方无法看破，对方自然不敢轻举妄动。做事低调，大智若愚的人，通常都很难被别人看透，这是一种很高明的做人的智慧。

173

不做自我炫耀的孔雀

过分炫耀自己不但得不到什么好处，相反更容易招致不测。自以为是、过分炫耀最终为人所厌，此乃处世之大忌，刚踏入社会的年轻人一定要注意这一点，不要因此而被他人所厌弃。

每个人生来都是不一样的，家境、相貌、身高等，这些都是难以改变的。所以即使现在比别人略有成就，也未必就是自己能力所得，即便是自己能力所得，也没有必要处处炫耀。做得好与不好，自然有别人看着，用不着自己去大声宣传，一副唯恐别人不知道的样子。炫耀，就是自以为高明，是挑衅，是很直白地告诉别人，你比别人强。

没有人希望自己比别人差，也没有人希望自己生活在别人蔑视的眼光里。即便是确实不如别人，也没有人希望自己在别人眼里显得低人一等。炫耀，就是抬高自己，也是无形之中贬低别人的一种极不理智的做法。

每个人有了成就都希望得到别人的承认，希望有人赞扬，因此，总是在有意无意间展示自己的长处，殊不知，这实际是在自己头顶悬了一把不知道什么时候就会掉落的利剑。

"当夜幕开启，富凯攀上了世界的顶峰。等到夜晚结束，他跌落了谷底。"著名作家伏尔泰的这句话说的其实是一个因为过分炫耀而招致灾祸的故事。

法国的财政大臣富凯为了博得国王路易十四的欢心，决定策划一场前所未有的宴会，他费尽心思筹划准备，邀请了当时欧洲最显赫有名的贵族和学者，甚至著名的剧作家莫里哀为这次宴会还专门写了一个剧本。

这次宴会极尽奢华，有许多人们见所未见闻所未闻的食品和水果，庭院的装修、室内的装潢、烟花的设计乃至莫里哀的戏剧表演，甚至宴会中的每一个细节，无不让嘉宾们大开眼界。人人都从心底发出感叹，认为这是参加过的最为完美杰出的宴会。

在第二天，当人们还在回味富凯举办的盛宴时，令人难以置信的事情发生了：国王逮捕了富凯。3个月后，富凯以窃占国家财富罪被关进了监狱，他人生最后的20年都是在单人牢房里度过的。

这就是炫耀的结果，一时的炫耀为自己的将来埋下祸根，不管炫耀的是知识、财富、学识还是容貌。富凯本以为国王观看了他精心安排的表演会感动于他的忠诚和能干，可以让国王明白他的高雅品位和受人民欢迎的程度，从而任命他为宰相。然而事与愿违，每一个新颖壮观的场景，每一幕精彩绝伦的表演，每一位嘉宾的赞赏和微笑，在国王看来，都是财政大臣的炫耀，这深深地刺激了路易十四，傲慢自负、号称"太阳王"的他怎么能咽得下这口气？怎么能容忍富凯超过自己，夺去属于国王的光辉呢？

处世低调，不要向别人炫耀自己，富凯如果懂得这一点，恐怕就不会身陷囹圄，在牢房中度过自己人生的最后20年了。

能力不是吹出来的，成功也不需要处处炫耀。谦和的心态、低调的作风更能让人们印象深刻。美国南北战争时期，北军的格兰特将军和南军李将军率部交锋，经过一番激烈的血战，南军战败认输，李将军签订了降约，美国内战结束。

格兰特将军谦恭地称赞对手："李将军这次虽然战败了，但是这与他卓越的才能没有一点关系，他依旧是一位伟大的军事统帅。他的态度仍旧一如既往的镇定，身穿全新的、完整的军服，腰佩宝剑，气宇轩昂。而像我这种矮个子，身穿士兵的破旧衣服，和他那高大的身材比较起来，真是相形见绌。"

格兰特不但大度地赞美了李将军的仪表和态度，也没有因对方战败而诋毁对方的军事才能。他谦虚地认为自己的胜利和李将军的失败，是天气方面的原因造成的。他说："这次胜利来得很幸运，当时他们的军队在弗吉尼亚，那里几乎天天下雨，行军作战异常不便。而我们军队所经过的地方，差不多每天都是好天气，老天都在帮助我们，许多地方往往是在我军离开没几天便下起雨来，这不是幸运是什么呢？"

格兰特将军把一场决定美国命运的巨大胜利，归功于天气和运气，而不是自己战术指挥的高明，也没有因为胜利而炫耀自己的军事才能，而且面对战败的敌人，也没有趾高气扬，这也正是他为人处世的高明之处。成王败寇，这是中国的一句古话，格兰特也不是不可以吹嘘自己如何如何厉害，怎么运筹帷幄、用兵如神，但他并没有这么做，他维护了战败者的尊严，也赢得了世人对他的尊重。

生活当中，也许一个眼神、一种说话的声调、一个手势，就能像话语那样明显地告诉别人错了，即使他真的错了，就会同意你吗？不会！因为你的做法直接打击了他的自尊心，贬低了他的智慧，伤害了他的感情。就算你能言善辩，理由再充足，逻辑再严密，都难以让他心头舒畅，因为你是在炫耀，而衬托的是他的无能和无知。

曾经有一位年轻的律师，在最高法院参加了一个重要案子的辩论，在庭审过程中，一位老法官突然说："海事法追诉的期限是6年，对吗？"这位律师一愣，这是一个很简单的问题，他不明白法官为什么搞错了。他看了那位法官半天，然后很直接地回答："法官先生，海事法没有追诉期限。"

"法庭内顿时安静下来，那种感觉有些吓人。"他后来讲述当时的情景回忆说，"屋内的温度似乎一下子降到了冰点。我是对的，他是错的，这一点所有的人都知道。我也坚信法律站在我这一边，绝对没有搞错。但我没有尊重他的感受，我当时似乎是出于一种证明自己或者说是炫耀的心理，至少我没有用讨论的方式来说明我的观点，而是当众指出一位声望卓著、学识丰富的人错了。

"当时他没有说话，也愣了一下，显然有些事情让他难以接受，而且很显然的是，他已经明白了自己的错误，但是他仍然脸色铁青，显然是对我的话耿耿于怀，不是内容，而是说话的方式，这伤害了他——一位老法官的自尊，这是他不能接受的，即使我说得再对。"

是的，哪怕是一个微小的动作，一句最简单的话也足以表露你的心思，炫耀有时候更是一种无知的表现。

有这样一位女演员，她在成功摘得两届奥斯卡最佳女主角的桂冠后，又凭借在《东方快车谋杀案》中的精湛演技获得奥斯卡最佳女配角奖。她登上领奖台时，却一再称赞与她角逐最佳女配角奖的另一位演员，认为真正获奖的应该是这位落选者，并由衷地说："原谅我，弗伦汀娜，因为你，我事先并没有想到能够获奖。"她就是英格丽·褒曼。

英格丽·褒曼作为这一至高荣誉的获得者，并没有滔滔不绝地叙述自己的努力，更没有炫耀自己的表演是多么精彩，反倒对自己的竞争对手不惜赞美之词，极力维护了失意者的面子。如此做人处世，难怪她能为世界人民所喜欢。

作为一个年轻人，要时刻谨记，低调做人，不要在人前过分地炫耀自己，有才有能自然是让人羡慕的好事。但是如果因此而自以为是，自高自大，好事也有可能会变成坏事。

懂得虚心求教，而非好为人师

在社会交往中，作为一个年轻人，必然缺少社会经验，所以绝对不可好为人师，显得自己什么都懂的样子。相反，要虚心向比自己有经验的人学习，这样才不会让人鄙视和嘲笑。

为人师的潜台词就是比别人高明，而好为人师则是不管别人有没有需求，愿意不愿意，都主动表现，结果往往有可能使对方不但不接受你的好意，反而还可能采取不友好的态度。

有这样一则寓言：在一个山清水秀的地方，有各种各样的动物。一天，一只凡事都爱摆大道理的老山羊正悠闲地在河边散步，当它看见一只大鸟在河边饮水，便立刻走上前去，很严肃地说道："你只顾在这里喝水，却完全不知道提高警惕，如果狐狸过来，你的小命就没了。"老山羊害怕大鸟不听劝告，还反复地讲了许多大道理。

大鸟没有吭声，笑着表示接受。但老山羊一走开，大鸟就对身边的蚂蚁说："依仗自己胡子长就冒充懂道理，还喜欢指点别人。去年，它的孩子还不是在这里让狼给吃了吗？"

老山羊也许是出于一番好意，却没能得到大鸟的认可——表面答应，背后讥讽，原因就在于它好为人师。

一次，小王在小区里见到有人争执，便上前问明缘由。原来，是一位下棋者和一位旁观者之间发生了矛盾。

下棋的时候，旁观者本应该保持沉默，但这位旁观者却不能管住自己的嘴巴，总爱指指点点。后来这位旁观者与下棋的人意见不合，因而引发争执。二人怒目相视，就差拳脚相向了，后来在众人劝解下，才将一场矛盾化解。

人人都有表现的欲望，就连小孩子也不例外。好为人师的人总是喜欢指点、纠正别人的观点。

在生活中，有一些人看见别人做什么事情的时候，自己先在旁边观望，后来感觉不过瘾，干脆上前指手画脚，如此这般地指点一番方能尽兴。

经常能看见小区里有下棋的，旁观者围成一圈，见到情势危急的时候，早就不记得"观棋不语真君子"这句话，七嘴八舌开始支招，更有甚者，越俎代庖，直接上去参战。

每个人都以为自己比较高明，可以为别人指点迷津，他们却不知道，这种好为人师的表现不见得就有人领情，因为这种自显高明的做法，无形之中抬高了自己，贬低了别人，看起来是好意，实际上损害了别人的自尊。

好为人师的人有的是出于一番好意，主要是想帮助别人纠正错误，助人为乐，有的则是为了显摆，出风头，炫耀自己的能力，表明自己高人一等。不管是出于什么原因，也不论观点是对是错，好为人师的行为基本上是不怎么受人欢迎的。中国古代有个叫钟弱翁的人，就因为自以为是、好为人师而成为笑柄。

钟弱翁是一个有才能的人，能书会画，却因此形成了一个很不好的习惯：每到一个地方，都喜欢贬低当地挂在碑匾上的字画，总喜欢把原来那些字画消除掉，自己想一些新东西为他们重新书写。但是他的水平并不是很高明，写出来的东西很一般，人们对他这个习惯非常反感。

有一次他路过一个地方，那里的山中有个寺庙，寺庙里有一个修建得很漂亮的阁楼。钟弱翁和下人就一起过去站在阁楼下面，观赏风光。阁楼上有个匾，上写着"定惠之阁"，旁边题字人的名字因为年代久远，蒙上灰尘而看不清楚。

钟弱翁老毛病发作，又开始肆无忌惮地评说匾上文字的缺点，还叫一个寺僧拿来梯子取下匾来修改，可他把匾擦拭后仔细一看，却发现这字是大书法家颜真卿书写的，钟弱翁见状赶紧转弯说："像这样好的字画，怎么能不刻一个石碑呢？"然后就命令为题字刻了一个石碑。

好为人师者多半都自以为是，为显示自己高明不顾别人的感受，肆意去贬低他人，实为做人处世之大忌。

好为人师是人际关系的障碍，每个人都有排他性，有时即使知道自己不对还极力去掩盖。

在这个世界上，每个人都有优点和缺点，每个人都需要进一步的完善，需要别人的指点和帮助，但是好为人师、自以为是的做法是不可取的。一般而言，如果你和对方关系极好，从朋友的角度出发你可以直接告诉他有什么地方需要改进，怎么做会更好，对方即使有不同意见也可以一起探讨。

好为人师，不如虚心求师。与其处处显摆自己，惹人讨厌，还不如降低姿态，虚心求师。每个人都不可能掌握所有的知识，俗话说："三人行，必有我师。"发现别人的长处虚心请教，遇到自己不明白的地方仔细询问，既可以学到知识，又能赢得别人的好感，何乐而不为呢？

喜怒哀乐不溢于言表

什么样的人最让人看不透？当然是喜怒哀乐不形于色的出家人。但普通人无法与出家人相比，普通人都有自己的七情六欲，不可能整天面无表情，这样让人感觉也不正常，但是，一个成熟的人会懂得控制自己的情绪，懂得喜怒哀乐不溢于言表。

在现实生活中，只有能够控制自己的情绪，将一些喜怒哀乐藏在心里的人才能够做成大事。

不管你心里有多大波涛在起伏，你都不要表现出来，都要藏在心里。这样做的原因有二：其一，你心里的事是你自己的，让别人来一同承受是不公平的。其二，你都表现出来人家会觉得你这个人太浅薄，没有心机，什么事都藏不住。

这样的人并非是卑躬屈膝，装出笑脸，更不是为了奉承上司，强颜欢笑，而是始终保持自然的神态，喜怒之心不溢于言表。没有一定的知识和阅历的人，尤其是刚工作不久的人，是很难做到的。但只要你想做，并不是不可能做到。你不妨试试每天起床后，或睡觉之前，对自己说一声："我绝不表现出不耐烦的神色。"以此警惕自己，或者在日记里仔细写出来，要每天持续不断地做。

自古以来，凡是成功者很少有因外界的事物而亦喜亦忧的。人有时会高兴，有时候不免忧愁，但千万不要被情绪所左右。有高兴的事，表现在脸上无妨，但悲哀的事就不要表现出来。因为将一切都表现在外表上，更会促使情绪强烈化，而不能忍受悲哀。如果把愤恨表现在脸上，恨也会加倍。因此，成功立业之人，在这方面都尽量不形于色。

当你有不愉快的事，突然被上司看到，因你不形于色而感到奇怪时，你应该高兴。因为上司会觉得：这个人遇到这种情况仍脸色不变，究竟此人是怎样的一个人呢？上司无法透知你的底细。

当你被大家认定是不会随便改变脸色的人，你的上司可能早已在心里对你敬畏三分。无论上司如何骂你、嘲讽你、冷淡你，你都能默默忍受，连眉头都不皱一下，这种修养需要有相当的自信才可做到。

当你失意或得意时，都能泰然自若，不表现出不悦之色或骄矜之色，在旁人看来，会觉得你很了不起。

与上司交涉时，要堂堂正正地正面接触，谈论的道理要有证据，如此上司便不敢不重视你。且于争辩时，你必须说一声："我不敢跟你强争，否则会伤感情，但请你多多考虑。"

如此一来，上司会觉得你替他保留了一点面子，抗拒心就会减少。如你逼他太甚，一定会激起他的怒火，他势必不肯认输，而跟你争辩到底，一场争斗就免不了了。

所以，我们要为对方留下一条退路。当你的上司向你表示折服，你一定要表示出你的诚意："因为我有我的立场，因此不得不向你提出这些违背你的议案。事实上，我并不是要反驳，只是为了整体的利益才这样做，这点请多多包涵……幸亏能得到你的谅解，让我松了一口气，今后还请多多指教……"这样以低姿态来跟他说出你的真意。

正面的争论和充满着诚意，这两者都具备，则上司必然无法战胜你，且你也会认为这个人的头脑真好，这人也真不错，看样子我原来误解了他。

不管是沉默还是有必要的争论，都必须就事论事，不带个人的感情色彩，才会达到应有的效果。

年轻人在与别人相处的过程中，一定要懂得控制自己的情绪，不要被别人一眼就看透你心里想的是什么，要学会暗藏心机，要能够做到喜怒哀乐不溢于言表，这样才能做成大事。

冷静面对不喜欢的人和事

在生活和工作中，难免碰到无事生非、制造谣言、嫉贤妒能、偏听偏信的人，以及各种以权谋私、以势压人、阴谋诡计、欺骗虚伪等类似的事情。

也许你确实是与人为善，但是你的善未必能换回来善，需知客观上任何创造性都是对平庸的挑战，任何机敏和智慧都在反衬着愚蠢和蛮横。

怎样才能做到保持稳定，保持操守更保持好心情，保持正义感更保持理性，保持有所不为有所不信更保持与人为善呢？许多时候，你的绝大多数同事还是好的，至少是较好的。而多数情况下，绝大多数人，他们对待你的态度取决于你对他们的态度。至于他们的毛病，不见得一定比你多。无论如何，我们可以努力做到使自己变成一个和善、安定、团结、文明的人。我们可以努力做到心平气和、冷静理智、谦恭有礼、助人为乐，而不是急火攻心、暴躁偏执、盛气凌人、四面树敌。甚至对那些或某一位对你确实是心怀敌意乃至已经不择手段地伤害你的同事，你也可以反躬自问，自己有什么毛病？有没有可能消除误解，化"敌"为友？还要设身处地想想对方是否也情有可原。

从长远看，一切个人的嫉恨怨毒，一切鼓噪生事，一切流言蜚语，在一个大气候相对稳定的形势下，作用十分有限。只要你见怪不怪，其怪自败。你大可以正常动作，平稳反应，保持良好心态，不受干扰，让各种事务按部就班地进行。

当然，不是说任何人你不理他就没事了，也有没完没了地捣乱骚扰的。但是我们日常说的"一个巴掌拍不响"，必要时，看准了、找对了，在最有利的时机，你也可以回击一下。但这绝非常规，偶然为之则可。

人们在碰到不尽如人意的人和事以后常常会感叹世情的淡薄、人心的险恶。应该如何对付这种险情呢？

（1）不要以痛恨对恶

以为自己与自己的小圈子乃清白的天使，以为周围的一切人是魔鬼和恶棍，于是整天咬牙切齿、苦大仇深、气迷心窍，这是不可取的。因为这是以恶对恶，本身就已经恶了，本身就已经与他或她心目中的魔鬼恶棍无大异了，趋同了。

（2）不要以疑对恶

遮遮掩掩，患得患失，犹豫不决，生怕吃亏上当，总觉得四面楚歌，结果可能你少吃了两次亏，但失掉了许多朋友和机会，失掉了大度和信心，失掉了本来有所作为的可能。

（3）不要以大言对恶

以煽情对恶，以悲情"秀"对恶；言必称险恶；言必骂世人皆恶我独善，世人皆浊我独清；言必横扫千军如卷席；言必爆破多少吨的TNT，这些做法都是不可取的。

（4）不要以消极对恶

一辈子神经兮兮，黏黏糊糊，生不完的气，发不完的牢骚，埋怨不完的"客观"，结果到了生命的最后一息，已经是一事无成的定局，还在怨天尤人。

脚踏实地，低调做人

关于低调做人，自古以来，就大有学问，其中最重要的一条就是能够以较低的姿态来立身处世，始终把自己的起点放在较低的位置，然后以此为基点向高目标迈进。

一个人在走入社会前，就应该做好充分的心理准备。在陌生的环境里，对很多事情都知之甚少，需要时刻请教别人，如果这时候没有虚心、耐心，恐怕要吃大亏。如果一不小心，犯了错误，更容易招致他人的不满，被同事埋怨、被领导批评。

有时候明明不是自己的错，可领导却认为是你的不对。这时候如果自命不凡或者火气太大，就容易引起争执，影响彼此间的关系，也会使自己的工作难以开展，所以，一定要做好低姿态的心理准备。

既然自己对工作不熟悉，就应虚心向别人请教。如果自己不小心犯了错，也应该坦白承认，并且用心纠正，没有人不犯错，知错能改就好。就算受了一些委屈也不要斤斤计较，别人未必就是故意的。

要明白，这个世界并非随时随地都在使用公正公平的游戏规则，对于不善待你的人，应该宽容低调地回敬他，而不是以牙还牙。降低姿态，低调做人将会帮你适应新环境，给人留下好印象。

在单位里，要勤学好问、乐于助人。如果同事把一些本来不归你负责的工作交给你，你尽量把它做好，这对你有很大的好处：

第一，把这些工作当成一个学习的机会，多学会一种工作，多熟悉一种业务，对自己总会有好处的。

第二，反正自己在办公时间总要做事，只要是公事，而且不妨碍自己分内的工作，就不分彼此一律照做。

第三，要乐于帮助同事做事，这是跟同事接近和建立良好关系的机会。倘若某同事把自己应做的工作交给你，如替他做一个表格或发一个函件，你很乐意地接受下来，并很认真地替他做好，这样就会给对方留下一个良好的印象。

第四，要知道自己没能得到足够的赏识和重视只是暂时的，因为自己是新来的，或许是因为没有合适的工作，所以别人有机会把各种工作都拿来让你试试，或者请你帮帮忙。等到你对工作与环境都渐渐熟悉了，自己分内的工作也渐渐有了头绪并稳定下来，同时跟同事之间也已经建立了良好的关系，这些现象就会自然而然地消除。大可不必在开始的时候，因为多做一点事就使自己和别人都弄得不愉快，以致妨碍以后的和谐相处。

低调做人能使你很好地处理与同事间的关系，成为一个受大家欢迎的人。如果你能在工作上做到认真负责，对各项业务非常熟悉、老练，对同事诚恳和善，对下属谦逊、和气，就可以说已经站稳脚跟了。这时候你在公司里、在同事间就已经建立了不可动摇的威信。人人都知道你很负责、能干，对同事很好，每个人都信任你、尊重你。即使有人想说你的坏话，造你的谣言，损害你的名誉，别人也不相信，反而会支持你、同情你，孤立那些无事生非、别有用心的人。

少说话、多做事永远都没有错。做事，做好应该做的事情，多学习业务知识，多学习不明白不了解的东西；不言，就是指少说空话、大话，不要夸夸其谈。仅仅做到这些还不够，同时也应该看到，身在低处不是没有机会，处在低处并非不能望远，每个人都应该有长远的目光。只要打好了基础，总有成功的一天。

低调做人，做好应该做的事，处低而心存高远，这是一种境界，能显示出一个人良好的修养。在古往今来的历史中，这样处世做人的成功典范非常多。

甘地，这是一个许多人耳熟能详的名字。他是印度人民心中的英雄，为印度人民的自由和解放奋斗一生。就是这样一位形象有些不起眼的老人，领导着已经觉醒了的印度人民向英国殖民主义者发起挑战，成为民族团结和自由的领袖。

甘地身材矮小，瘦骨嶙峋，终日身披粗布衣衫。有一幅非常形象的画面描述了这位老人：他一丝不苟地坐在一架纺车前，两条修长的手臂在忙碌着，一只手正在摇着纺车，另一只手抽出了长长的棉线，戴着钢边眼镜的双眼静静地凝视着抽线的手。这是他行而不言的低调姿态的体现。

在第一次世界大战中，英国政府为了得到印度的支持，答应在战后让印度人民自治，但是战争结束后，印度人民不仅没有获得自治的权利，反而迎来了《罗拉特法》———一部旨在更严厉地镇压印度人民反抗的法律，这种背信弃义的做法让印度人民对大英帝国的幻想破灭。于是，在《罗拉特法》颁布不久，一项前所未有的活动在印度全国展开了，那就是圣雄甘地领导的旨在反抗英殖民主义的"非暴力不合作运动"。

1919年4月6日，在甘地的领导下，印度全国以死一般的沉默抗议英国政府，在令人毛骨悚然的静寂中，印度完全陷入瘫痪状态。这一天开始，印度人民逐渐从驯服的奴隶转变为反抗的战士，印度的历史在这一天翻开了新的一页。

1919年4月13日，英国士兵向手无寸铁的印度人群开枪射击，打死打伤一千五六百人，这就是震惊世界的"阿姆利则惨案"。这一惨案使甘地有了彻底的认识：英国人再也不配享有印度人民的好感和合作。他呼吁印度人民在各个方面抵制英国：学生罢课抵制英国人开办的学校；律师抵制英国人的法庭；政府官员拒绝在英国机构任职等。正是从这个时候开始，甘地把他在南非形成的非暴力思想同不合作思想结合起来，形成了后来闻名世界的"非暴力不合作"思想。

在以后的数十年里，印度人民在甘地的带领下，一共发动了四次大规模的非暴力不合作运动，虽然当时的每次运动都未能完全实现甘地的目的，但是从长远来看，这四次非暴力不合作运动在印度的独立过程中起到了举足轻重的作用。它动摇了英国殖民统治的基础，唤醒了在英国政府高压殖民政策下逆来顺受了几百年的印度人民的反抗精神，把整个印度人民发动起来同殖民者抗争，并迫使英国政府在1947年8月15日同意印度独立，彻底结束了印度数百年来作为大英帝国殖民地的屈辱历史。

甘地曾经这样说过："英国人妄图迫使我们与他们真刀真枪地较量，我们决不能这样做，因为他们手里有武器而我们却没有。但是，我们也能击败他们，唯一办法是把与英国人的决斗引到我们有武器而他们没有武器的地方。"而这个地方就是非暴力不合作的战场。

面对英国的极端统治，印度国内弥漫着恐惧的气息，这个时候甘地镇静而坚决地站出来了，他领导的不合作运动鼓舞人们毫无畏惧地坚持真理。于是，人民肩头上的一层恐惧的黑幕就这样突然地揭掉了。

在非暴力不合作思想的鼓舞下，印度人民完全被发动起来了，上到政府官员，下到不可接触的低层"贱民"；从年纪较大的老人到中青年甚至幼小的孩子；从男人到一直受奴役、受压迫的妇女，他们在各自的工作岗位上，从各个领域一齐向殖民当局宣布开战。

这样一支强大而团结的非暴力不合作的大军，令英国殖民政府无可奈何。尤其对于这股力量的领袖——甘地，殖民统治者心里更是矛盾重重：因为甘地的非暴力不合作思想带动了印度人民，动摇了他们的殖民统治基础；一旦失去甘地，印度人民会脱离非暴力斗争的轨道而走上暴力反抗的道路。

最终，甘地的非暴力不合作思想有了结果，迫于战后世界风起云涌的民族独立运动浪潮，英国政府不得不派出一位年轻有为的勋爵前往印度处理独立的有关事宜。这位勋爵同甘地以及印度其他几位宗教领袖经过几轮较量之后，终于在1947年6月向全世界宣布："1947年8月15日，印度将正式独立。"

1947年8月15日，在这个历史性的夜晚，印度独立了，印度人民正式摆脱了历史的枷锁。而甘地，这位领导印度人民走向独立的领袖，只是平静地和他的同伴们住在新德里贞利亚加塔大街一座寓所里，一如既往地躺在铺在地上的一块椰树叶编成的席子上，当午夜12点的钟声敲响，当印度终于真正得到自由和独立的时刻，他正在沉睡。甘地，这位印度人民的伟大领袖，以这种极其平凡的方式迎接他奋斗了几十年的民族独立的胜利。

作为一位出色的政治领袖，甘地被认为是印度历史上的一个奇迹，也是人类历史上一个特殊的典范。他做人低调，不事张扬，没有个人野心，他从来不去争夺国家的权力，尽管他有十足的把握获得这些权力。他不仅辞去了党的领袖职务，而且拒不到政府任职，这有别于很多政治领袖。

甘地的伟大人格几乎举世公认，他的道德修养堪称楷模，被印度人民尊称为"圣雄"，成为人们的表率。甘地待人谦恭、诚实、光明磊落，不分贵贱善恶一视同仁，没有种族歧视和宗教偏见，虽然他是一名虔诚的印度教徒，但对于穆斯林、犹太教的经典也能兼收并蓄、运用自如。他用自身的切实行动唤醒了整个印度的人民，他关心底层人民疾苦，善于体察民情，他一直和底层人民一起生活；甘地生活清苦，安贫乐道；他尊重女性，提倡社会和谐，这对于印度歧视妇女、男尊女卑的不良传统是个挑战。

正因为如此，甘地这位身材矮小、其貌不扬的东方人赢得了世界上不同民族、信仰和阶级的人的敬仰和爱戴。尽管他去世已将近半个世纪，但是他为人类留下的那些东西仍然值得后人回味和思索，也没有人敢忽视他，他是民族独立和自由的象征。

和印度被殖民统治了几百年的人们一样，甘地生来就是在一个没有民族尊严的殖民地国家里成长，但他拥有长远的目光、切实的想法和坚持不懈的努力，这一点即使在甘地成为民族精神领袖以后，依旧没有丝毫改变，这也使得甘地带领印度民族获得了独立，他本人成为一个伟人。

甘愿处低，是一种境界、一种修养。耐得住低就，才可以实现厚积薄发的冲力，才可以赢得人生、成就事业的最高点；拥有处低瞻高的胸襟，才可以更好地展现登高望远的风度与气魄。

脚踏实地做人、做事，不要夸夸其谈，不管身处何种位置都要有长远的理想并为之奋斗。能处低，表达的是心态，显示的是智慧；能瞻高，体现的是勇气，反映的是理想。如同海豚，只有潜得越低，才能跳得越高，看得越远。

能屈能伸好做人

能屈能伸好做人，可高可低大丈夫。即使才高八斗，位高权重，家财万贯，若能放下身段，降低姿态，前面的路会更宽广。

每个人都有对自我的认识，如性格爱好、身份地位、特长缺点等，全面的认识能帮助自己更好地定位。但是自我认识有时候也会成为一种限制，容易形成这样的想法：我喜欢什么、擅长什么、性格怎样、学历多高，所以不能去做这个事情或者那个事情。

自我认识越清楚，自我定位越明确的人，对自己的限制也越厉害。大学生不想去基层工作，博士生不做业务员，上级领导不和下级职员交流……他们觉得这么做才和他们的身份地位相符。

了解自己，认识自我，有助于发挥特长，但是也不能墨守成规，一成不变。

有这样一则小故事：很久以前，一位落难的王子和他的仆人逃难，风餐露宿，历经艰险，眼看就能脱离险境，但是他们的盘缠用尽。这本来不是大问题，要命的是，王子认为自己不能丢了家族的尊严、血统的高贵，任仆人如何劝说，都不愿意低头向路人讨要哪怕一口水、一碗粥。有一天，在仆人乞讨归来时，发现他的王子已经因为饥渴，死在路边了。

实在是令人扼腕叹息，如果王子能够变通一下，放下王子的身份，低一下头，就很有可能避免发生悲剧。相反，放下身段，选择的方向就会更多，路也更容易走。

有一个青年，考上名牌大学之后，认真学习，深得老师和同学的认可，认为他将来肯定有所作为。如人们预测的一样，他确实取得了很大的成就，但是和人们想象中不一样的是，他不是在机关单位或公司企业里成功的，而是靠摆小摊起家。

这位年轻人大学毕业以后，开始独立创业。后来听说学校附近有一个摊子要转租，就跟人借钱把它租了下来。因为他很擅长做饭，而且做得一手地道的家乡菜，就自己当老板，卖起面皮来。尽管以他的才学摆小摊确实有些大材小用，但这也引来许多好奇的目光，相当于是为自己做了一次免费的宣传，加上他做的面皮确实口味极佳，价格公道，因此生意非常火爆。现在他还在卖面皮，不过早就不用亲自动手了，同时还做别的生意，已经成了远近闻名的人物了。

他说过这样一句话："放下面子，路会越来越好走。"时至今天，他自己从未对自己用非所学产生过怀疑，也没有认为自己是大材小用，这也是他能获得成功的重要原因。

大学生曾经是人们心目中的天之骄子，即使是在大学疯狂扩招的今天，一个大学生去摆摊也是件非常"掉价"的事情。他如果不去卖面皮或许也会很有成就，但他能放下大学生的身份，从不显眼的摆摊做起，最后成就了自己的梦想。

普通人如此，领导人又有什么样的表现呢？身为国家领导人，想象中应该是前呼后拥，八面威风了吧，其实也不然。

一个领导首先是一位普通公民，其次才是政府首相。帕尔梅是瑞典平民首相，他是这么想的，也是这么做的。

帕尔梅生活简朴，与普通人没什么两样，他从家里到首相府，从不乘车，在上下班的路上不停地和过往的行人打招呼甚至闲聊。帕尔梅喜欢接近群众，同他周围的人关系也很融洽。没事的时候，他还尽可能地帮助别人，与普通的热心人一样，没有一点政府领导人的架子。

假期里，帕尔梅一家经常出去旅游，在一些常去的地方甚至和当地的居民成了朋友。帕尔梅还喜欢一个人出门，到各种地方去找人谈话，以了解社会上的情况，听取普通人的意见。他待人诚恳，态度谦和，从来不会因为身为首相而高高在上，因而受到瑞典人民的广泛尊敬。

他虽然是政府首相，但仍和普通百姓一样，住在平民公寓里。除了正式地去国外访问或参加重要的国际活动，帕尔梅在国内外，一般都不带随行的保卫人员。只有在参加重要国务活动时，才乘坐专用的防弹汽车，配备警察保护。有时他甚至独自一个人乘出租车去机场参加重要会议。

帕尔梅没有架子，跟很多普通人都有交往，最重要的交流方式就是书信。他那时候每年大概能收到一两万封来信，其中不少都是国外的普通民众写来的。为此，帕尔梅专门雇用了几个工作人员来拆阅和答复这些来信，尽可能使得每封信都得到回复。帕尔梅在任的时候，首相府的大门永远向普通人群开放。这一切都使他的形象在瑞典人民心目中日益高大，他不像其他国家领导人，动辄大群保镖，前呼后拥，让人不敢接近。

在瑞典人民的心目中，帕尔梅是一位政府首相，更是一位平民。他不但是国家领导人，更是普通民众的兄弟朋友。

一个人可能身居要职、声名显赫，也可能腰缠万贯、富可敌国，但是，终究也只是一个凡人。一位西方的哲人曾经说过："一滴水的最好去处是什么地方？那就是大海。"每个人都只是大海里的一滴水，所以，不如放下身段，还自己一个普通人的本来面目。

对于遭遇困境的人来说，降低姿态，放下身段，抛开面子，面前的困难可能会轻松地解决掉。而对于一些相对比较成功的人来说，降低姿态，与大家平等相处，非但没有人觉得失去了面子，反而让大家对他更加尊重。如果公司的经理、老板经常与下属的职员在一起，同吃同喝，无形之中就能提高他的亲和力，就更能使员工听上司的指挥。倘若他高高在上，不苟言笑，下属的敬畏之心有了，但是距离也远了，如此一来，反而不可能获得众人的爱戴了。

如果一个人执着于自己的尊严和面子，落难王子那样的悲剧很可能会再度重演。如果放下身段，抛开身份，也许会发现，前面的路越走越宽。能屈能伸才好做人，只有这样，以后的路才会越走越宽广。

逆境是人杰的摇篮

当今社会竞争日益激烈，生活节奏日益加快，人们承受的生活压力越来越大，有时难免受挫碰壁，处于人生的低谷。

面对暗礁或者险滩，人们往往会有这样的表现：一是迎面撞上，头破血流。二是错愕停留，面壁思过。三是飞檐穿墙，力求突破。四是改变方向，重新出发。第四种表现，既有检讨，也有行动；既有决心，又有毅力，这种方法是可取的。

想要在厄运中出现转机，就要考虑人生中可能会出现的危险时的应急方案，对于能够预知的状况，作出最坏的打算，还要有面对这种情况的决心与勇气。一旦失意或者处于低谷时，要调整自己的心态，找到适合前进的新方向。

李白怀才不遇，官场失意，却在诗坛大放异彩；范蠡政界隐退，却在商场大展宏图；爱因斯坦在家乡屡遭迫害，却在异国他乡受人瞩目，成为科学泰斗；里根在电影界极不顺利，壮志未酬，却在政界大放光彩，连选连任；苏轼被贬黄州，将失意踩在脚下，写出千古不朽的《赤壁赋》。他们能成为楷模，原因何在？因为他们处低不忘继续奋斗，仍然自强不息。

当周围满是掌声与鲜花，或者身处高位要职时，人们会感到得意之时的快乐与喜悦；然而当一不小心步入低谷，或者面对万丈深渊无处可走时，人们难免会有伤心、失落之感，这是人之常情。这时，如果承受不住打击，丧失斗志，一直消沉下去，就会被沮丧蒙住双眼，找不到走出去的路。此时要做的事就是随时准备再度上台，不要自怨自艾、自暴自弃，无论是原来的舞台还是新的舞台，只要不丧失奋斗的勇气，终会有机会成功。

以前，朝鲜半岛上有两个小国，分别为百济和新罗。有一次，百济对新罗发起进攻，新罗重臣金春秋奉命出使高句丽求救。高句丽王却乘人之危，向使者索要新罗领土，金春秋果断地拒绝了这种无理的要求，就被扣留了下来，在他性命攸关、无可奈何的情况下，只好贿赂高句丽的一个老臣，请求帮忙。

老臣给他讲了这样一个故事：东海龙女重病不起，需要兔肝做药引子。于是，龙王派虾兵蟹将四处寻找兔肝。一天，一只大乌龟爬上岸，碰到了一只小兔子，就对兔子说，海中有一座长满仙草的小岛，它可以驮着兔子游到海中央登上小岛。兔子信以为真，于是爬到乌龟身上。到了深海里，乌龟对兔子讲出了实情。兔子知道自己被骗，却没有惊慌害怕，而是马上回答说，自己是神兔，即使没有肝也可以活。

乌龟听后非常高兴，但是兔子又说，自己刚才把肝拿出来洗了洗，现在还晾在岸边上，如果急用的话，就同去取回。于是，乌龟又驮着兔子来到岸边，可是兔子跳上岸后，大骂乌龟，然后迅速地跑掉了。

听完这个故事，金春秋若有所悟。第二天，他答应了高句丽王的领土要求。随后他与陪同的使者一起出发，当离开高句丽国境后，他对陪同的使者说，自己的话不算数，之所以答应领土要求，是想救活自己而已。使者回去将金春秋的话告诉国王，高句丽王虽然大怒，却无可奈何。

后来，金春秋又去大唐求救，在唐军的帮助下，新罗最终消灭了百济和高句丽，统一了朝鲜半岛，金春秋也成了第二十九代新罗国王。

由此可见，世事难料，人生的际遇变化多端，起伏难免，有时是逃不过去的。不失去斗志，心存坦然，就会为自己的人生找到起点，找到再放光芒的机会。

人生就是一个不断迎接失意，又不断战胜失意的过程。失意并不可怕，失意是人生的一笔财富。因为，人们处于低谷时，才会有足够的时间去冷静地自我反思，正视自身缺点，克服自己的不足，使自己不断地成熟、强大起来。

巴尔扎克曾说："逆境是天才的进身之阶，信徒的洗礼之水，能人的无价之宝，弱者的无底之渊。"一个积极向上的人，在任何环境里都不会自卑。而一个不肯拼搏进取、浪费光阴的人，才是真正的低微。

有人说，人生就是一场漫长的战役。谁也不欢迎失意，但谁也无法回避失意，就像明天不一定会更好，但明天一定会到来一样，只能去面对。成功者在身处低谷时，他们不会一蹶不振，而是在黑暗的角落里，悄悄地磨自己的剑，用失意来祭自己的旗，把失意当成前进的动力，用失意来鞭策自己，激励自己。

第九章

搞好人际关系，赢得他人尊重

要想拥有一个成功的人生，要想在人际交往中如鱼得水，就一定要懂得与他人搞好关系，赢得人心。要学会时时处处尊重他人，学会为他人着想。要想建立一个广泛的人际关系网，就要懂得营造人情，所谓种瓜得瓜，种豆得豆，平时多与朋友联络感情，才不至生疏。在选择朋友的时候也要懂得辨别真伪和好坏，尽量做到精而不滥，在生活中要慢慢去积累和创造友情，不要等到"人到用时方恨少"。

以理服人，才能让他人心服口服

美国前总统威尔逊说过："假如你紧握双拳来找我，我想我完全可以告诉你，我并不比你弱，我会把拳头握得更紧；但假如你怀着善良的心态找我来，客气地说道：'让我们坐下来谈一谈。如果我们之间的意见相差得太悬殊，那么让我们一同来分析一下原因，看看主要的症结在什么地方。'这样我会觉得虽然你我之间的意见存在差异，但没有本质上的区别，不同点少了，相同点多了，而且还可以非常有耐性、诚意和愿望去与你共同解决，同时也会感到双方和谐相处并不是一件难事。"

遇到问题时，用过激的方法，或许会让自己怒气全消，但是这能不能解决问题呢？你的最终目的是解决问题，所以还要想办法以理服人才是上策。

一名教师在某地租了一间房子，租房合同马上就要到期了，教师嫌房租太高，不愿意再续租。他想：如果房东可以把房租减低一点，他还继续在这里住下去，毕竟这个房子给他留下了许多美好的回忆。

但是，他知道房东是一个非常固执的人，要想让他降低房租并非一件容易办到的事情。于是他给房东写了一封信，他说："等房子合同期满我就不继续住了，其实我并不想搬家，因为这里给我留下了许多美好的回忆，而且我在这里住得非常舒适。可是，由于房租有些高，假如能减低一点那该多好啊！我也可以继续支付下去。我想我的这种想法恐怕很难实现，因为别的住户也曾经与你交涉过，可最终都是以失败告终，相继离开这儿的人都对我说房东是一位很难对付的人。可是我却对自己说：'我刚刚教同学们怎样与人相处，现在我也试一下，看看理论是否与实际相符。'"

出乎他意料的是，房东收到信后，马上带着房子的契约找到了他，教师亲切、热情地招待了她。二人坐定后，教师便开口对房东说："何太太，首先我要感谢你租给我这间房子，它使我非常的满意。在这间房子里我体会到真正的快乐。请相信我，这是我发自内心真诚的赞美。假如我能继续在这儿住下去那将是我的荣幸。现在合同已经快到期了，我不再继续住下去了，因为我负担不起房租。"

房东听完教师的一番话后睁大了眼睛，似乎她从来不曾听过房客对她这样说话，她显得有些手足无措。镇定一会儿，她对教师叙述了她的一些难处：像他这样要求降低房租的房客，从前她也遇到过，其中有一位竟给她写过几十封信。可是，信的内容让房东无法忍受，那简直就是侮辱人格的论调。还有一位房客竟然恐吓她说："如果她不降低房租，他就将这间房子拆掉。"她温和地对教师说："我这里能有一位像你这样的房客，我心里已经非常高兴了。"随之拿出契约给教师减去了一部分房租。可是，教师看着已经减完房租的契约，依然面露难色说："恐怕这个价钱我还是无法接受。"房东二话没说径直让教师自己在契约上面填了个价钱。

一场愉快的交涉过后，房东起身离开了教师的房间。临走时她又转身问教师房子有没有需要重新装修的地方。

假如，教师采取其他房客同样的做法，恐怕得到的结果也和他们没什么两样，说不定还有可能更糟糕。他之所以能够取得胜利，全都是这种友好、同情、赞赏的方法使然。

要想与他人在某个不一致的问题上达成协议，并想使协议按照自己的意愿发展，最简单的做法就是以理服人、以真情去感化人、以爱心去关心人，而不是蛮横不讲道理。

曾经有这样一个神话故事：风和太阳争执谁的力量大，风说："我可以用事实证明我的确比你强，看我可以叫地下那个正在行走的老者摘掉头上的帽子。"于是，太阳躲进乌云里，风使出它的威力狂吹，可是任凭它再用力，那老者也没有将帽子摘下，反而用手拉紧了帽子的绳。风累得全身瘫软无力，终于停了下来。太阳悄悄地从云层里爬出来，开始对着那老者和气地笑。不一会老者便用手拭前额的汗，并把帽子摘了下去。太阳对风和蔼地说："仁慈和友善永远比愤怒和暴力更有效。"

从故事中不难看出，仁爱、慈祥的力量永远比愤怒、暴力强，处世过程中和与人相处需要的是仁爱、慈祥而不是暴力、愤怒。

有句古话说得好："有理走遍天下，无理寸步难行。"的确如此。为了一些小事与他人争论不休，甚至为一些无意义的事情大发雷霆，这种做法纯属无聊之举。只有以理服人，才能让他人心服口服。

为他人着想

有时候为他人着想其实就是为自己着想，因为爱是相互的，你关心别人，别人也会关心你。把爱心奉献给他人的人，在危难之际能得到来自四面八方的帮助。而自私自利、唯我独尊的人，势必会孤立无援，即使被困难束缚得即将窒息，也不会有人向他伸出援助之手。

姜太公为周王朝的建立立下了汗马功劳，按照他的说法就是："天下不是一个人的天下，而是天下人的天下。同享天下利益的人而得天下，独占天下利益的人失去天下。"这种说法正是对"得道多助，失道寡助"的诠释。他又说："获得大胜不是靠斗争取得，指挥大兵而没有创伤，与鬼神相通，与人同病相救，同情相成，同恶相助，同好相趋。所以没有用兵而能取胜，没有冲锋而能进攻，没有战壕而能防守。不想取得百姓的人，却能取得百姓；不想取得利益的人，百姓得到利益；不想取得国家的人，国家得到利益；不想取天下的人，天下得到利益。"

懂得为他人着想的人，人们同样会为他的烦恼而忧虑；以帮助他人为乐的人，他人也同样会乐于帮助他；把自己的快乐与他人分享的人，别人也快乐着他的快乐；以施恩于人为做人准则的人，别人同样会将恩惠赠送于他；以道德对待他人的人，人们同样会以同等的道德回报他。

爱别人就等于是爱自己，施恩于别人就等于把恩惠留给了自己。古代哲人曾经说："喜爱人们的人，人们也常常喜爱他。恭敬人们的人，人们也始终恭敬他。"说的就是这个道理。

纵观古今中外，凡是有很大成就的人，哪一个不懂得人情世故，哪一个不懂得众人划桨开大船的道理，哪个人的周围没有"贵人"帮忙。所以说，施恩于人就等于把恩惠存进了银行，急需时再取出来。

曾经有这样一种说法："上天唯独宠爱那些将爱心献给他人的人。"这就告诉那些想成就大业的人，要谨记把爱心送给别人，成功在等待着你。

"得民心者得天下，失民心者失天下"。能获得大众帮助的人，成功的概率就大；而只有少数人愿意帮助的人，就要思考一下自己的做人方法了，这样的人成功概率自然就小了很多；而那些根本没有人帮的人，就只是要思考自己的做人方法，而是要反思自己的行为了，这样的人如果能够获得成功也是纯属侥幸，即便成功了也不会太持久。

有人认为把爱心给别人自己就吃亏了，要知道吃亏有时也是投资，先帮助别人，才能得到别人的帮助。

一旦养成了服务他人的习惯，自己的思想意识不自觉地就会支配行动，形成良好的人生观，表现在行动上。如果你早已养成了助人为乐的好习惯，那么就坚持下去，如果你还没有意识到把爱心献给他人的重要性，现在就开始以此为准绳衡量自己的行为。

俗话说得好："天上掉馅饼，不是圈套就是陷阱。"事实也正是如此。毕竟天下没有免费的午餐，不付出是不会有回报的。如果你还没有付出就得到了回报，这就要思考一下回报背后隐藏着什么样的危机了。所以，为了能心安理得地接受别人的帮助，平时就要以帮助他人为乐。

处处留情则处处人情

作为一个刚出学校大门的年轻人，要想把握好自己的人际交往，扩大自己的交际面，就一定要尽力去帮助身边的人，处处留下自己的人情，将来就可以为自己所用。

将心比心、投桃报李是每一个有良知的人都懂得的道理。你善待了你身边的任何人，他都会用不同的方式去善待你。会做人的人会善待身边的每个人，不会做人的人只会善待自己。

生活中有很大一部分人，都喜欢听到别人的赞扬，无论是地位卑微、一贫如洗的人还是身世显赫、腰缠万贯的人；无论是年幼还是年长的人，无一例外。

聪明人会抓住人们的这一心理，适当的时候，满足人们希望被他人称赞的愿望，以获得他人的好感。迂腐的人即使知道别人需要得到心灵上的满足，也不会开口夸赞他人，更有甚者还会给人当头一棒，如同向热炉子上浇一盆冷水，打消别人为之自豪且等待他人夸赞的念头，这种人说其迂腐一点都没有夸张。

其实，现实生活中的绝大多数人，都属于平凡者，不可能一下子由平庸变成世人瞩目的传奇人物，就好像一个村妇不可能因为使用了某个广告上宣传的产品，而一下子变成为贵妇，但可能的是，虽然她明知道自己不会变成贵妇，她也舍得花大价钱购买那些名贵的产品。原因很简单，因为销售人员对她们的赞美，使她们的虚荣心得到了满足，正因如此，聪明的商家才能财源滚滚。

由此可见，只要抓住他人的心理，让他人的愿望得到满足，他们会认识到自己的重要性，你再求他办事，他会为你肝脑涂地、义无反顾，这样一来你的人气也逐渐升高，办起事来自然顺畅得多。

因此，我们可以把满足他人希望得到赞美的愿望，当作做人的一件法宝。怎样才能将此法宝应用得活灵活现呢？这是人们急切想知道的问题。

大多数人做理论探讨时夸夸其谈，但在实际生活之中，却忽视了赞美他人的重要作用。所以，善待生命中的每个人，满足他们内心的愿望，就等于为自己的成功增添了一片瓦。

在交往中，人们经常可以听到"你算什么东西""你有什么资格说我""你以为你有多么了不起"等之类的话，这种言语是最伤人的。说这种话的原因是，大部分人看到别人尤其是那些似乎无关轻重的"小人物"时，不把他们放在心上，总感觉这样的"小人物"对自己来说没有什么用，因此就忽略了他人的作用。殊不知，这种"小人物"在特定的场合、特定的时间也有可能帮你大忙。俗话说得好："不走的路都要走三遍。"你自己也不知道哪个"小人物"什么时候能够帮到你。所以，要善待身边的每一个人。

若想成为人上人，就必须拥有一颗宽大的心；要想受到他人尊敬，就要从热情对待身边的每个人做起。时刻留心帮助别人，储蓄人情，定能在日后为你所用。

防人之心不可无，交往中多留个心眼

所谓人心难测，世界上形形色色的人，让人难以分辨好坏，所以，年轻人在为人处事过程中，说不定哪个环节没有留心就会遭到别人算计，为了安全起见，最好方圆做人，以免遭到他人迫害。

曾经有位武林高手，一次偶然的机会，在一个破旧的寺庙中发现一名男婴。武林高手出于一片好心，把婴儿带回了家，并准备将他养大成人。随着男孩一天天长大，他将全身武艺毫无保留地传授给了男孩。可男孩生性顽劣，对师父的养育不但不思图报，反倒认为养他育他的师父是他成名途中的绊脚石，留着只会碍事。最终他背弃了他的师父。

针对这一现象，有人可能会说："这毕竟是少数。"但是我们不能否认这种情况的发生。分析其中的原因不难发现，故事中的武林高手实在是太"实在"了，他只顾把毕生的绝学都传授给不思回报的劣徒，可没想到会铸成恶果。如果追究这件事情中孰对孰错，做师父的应该承担很大一部分责任。自古以来就流传着一句话"教会了徒弟饿死了师父"，而这位武林高手却忽略了这一点，换句话说就是没有防备他人的心，而落得悲惨的下场。

还有一个关于猫与老虎的寓言故事：传说中老虎曾经向猫拜师学艺，猫出于仁慈做了老虎的老师，教它发威、怒吼、卷尾、剪、扑等绝技，但猫考虑到自己与老虎相比，各方面都不占优势，为了以防万一还是留了一手以便保身，因此没有将爬树的本领传授给老虎。果不其然，老虎不久就翻了脸，想把传授绝技给它的猫老师作为盘中餐，猫灵机一动蹿上树顶，老虎抬头张望却无计可施。

试想，倘若猫没有留一招爬树的本领，还能活下来吗？恐怕早已经成了老虎的腹中物。做什么事如果不留一手，事后难免会受制于人。

对于一个处世尚浅的青年人来说，一定要有自知之明，凡事都要留一手，虽然不可以有害人之心，但防范之心不可无，要随时提高警惕，因为世界并没有你想象中的那么简单。与其掉入他人为你设置的陷阱，倒不如自己多长几个心眼儿，防患于未然。

学会经营同学之间的感情

当今社会是人际关系社会，人际交往是不是广泛，是一个人能否在事业上取得成功的关键因素。而在这种关系中，同学关系应该是比较重要的一种。因此，要用心去联络同学间的感情，以备不时之需。

求别人帮忙也要有一定的过程，一般从相遇到初步交往，再到培养成为伙伴关系，经常需要长久的酝酿期。倘若这种交往形态是发生于同学之间，其酝酿期必将缩短不少。

同学之间的关系，将来很有可能会发展为长久、牢固的友谊。由于学生时代大家都还年轻，又都很单纯，热情奔放，彼此对自己的人生或未来充满了浪漫的理想，正因为每个人都有着这样的理想，所以人人都在为共同的目标而奋斗。当同学们在一起热烈地争论和探讨时，很可能在别人面前完全袒露个人的内心世界。加之同学之间朝夕相处，彼此对对方的性格、脾气、爱好、兴趣等能够深入了解。因此，在同学中最容易找到合适的朋友。

如何在同学中寻找和建立朋友关系，可以参考下列两种方法：

（1）尽管你们彼此之间工作领域不同，但是可以把目前现状看作一个焦点

从原则上来说只要对方是一位拥有进取心，并且正在努力奋斗中，态度还非常积极的人就可以了。哪怕在学生时期关系很平常，也没什么关系，这需要你主动去加深你们之间的关系。如果你十分幸运地找到了一位凡事都非常积极热心的朋友，那么这样会在你原来的基础上很容易地和对方建立起更好的关系，日后说不定什么时候会拉你一把。

（2）充分利用同学录，以此展开更广阔的交往

如果你在学生时代不怎么引人注意，你的交往范围肯定有限。现在根本就不需要在乎从前的表现，否则，你的想法会变得十分消极。

每一个人踏入社会之后，所接受的磨炼程度是不一样的，因为绝大多数人踏入社会后，都会受到挫折的洗礼，逐渐就会懂得人际关系的重要性，从而非常注意同学之间的交往。因此，哪怕是与完全陌生的人交往，也可能相处得非常好。原本不是十分要好的朋友，一搭上同学关系，也可以帮助你重新展开双方的人际关系的塑造。换一句话来讲，踏入社会之后一定不要拘泥于学生时期的你，应该以现在的真实身份展开与同学之间的相互交往。

除此之外，无论你现在本身所属的行业领域是什么样子，都应该与那些容易联络的同学如初中、高中、大学同学等，建立起自己的朋友关系，然后再从同学这里扩大你的交往圈。不妨多运用同学身边的人际关系。

作为同学，一般都有数年的交情，彼此同甘共苦的日子必然会冲淡地位或身份的隔阂，即便只有一面之交，只要知道彼此是同学，肯定会马上涌起一股亲切之情，这是同学的巨大魅力。倘不加以利用，那绝对是一大浪费。

同学关系有时往往会在很关键的时刻帮自己一个大忙。但是值得注意的是，平时一定要注意和同学培养、联络感情，只有平时经常联络，同学之情才不至于疏远，才能达到你想利用同学帮忙的目的。如果你与同学分开之后从来没有联络过，你托他办事时，一些比较重要的涉及他利益的事情，他不一定会帮你。

有人说："同学之情只有几年，一旦缘尽则情尽，没有什么值得留恋的。"其实这是一种错误的看法。无论从实用主义，或从情感价值角度去看，同学间的友谊都值得人们去保持和维系。

每个人都有几位昔日的同窗好友。说不定你的音容笑貌还存在他们的记忆中。千万不要把这种宝贵的人际关系资源白白浪费掉。同窗之谊，情如手足，在某种程度上犹胜于手足之情。同窗之谊，犹如朋友之情，但在一定意义上又有别于朋友之情。能为同窗，实属有缘。大千世界，芸芸众生，能同窗一回，实是有缘。相识、相处，尔后相知、相助，同窗关系就历久弥坚，帮助良多，何乐而不为？

如何利用同学关系呢？

（1）加深关系

同学的主动帮忙才会让同学之间关系更加牢固，将来互相帮忙的可能性就越大。

姚崇是唐玄宗时期有名的宰相，权倾当朝。在姚崇的同窗之中，有一人深得姚崇的敬佩。在姚崇高中秀才后，与一位名叫张宗全的秀才拜在同一位老师门下继续深造，以期将来能考中进士，光宗耀祖。张宗全高谈阔论，每每给姚崇以深深的启迪。姚崇当了宰相以后，遂向唐玄宗推荐此人。

唐玄宗在亲自考核张宗全的才华之后，深以为信，便封了他一个正三品官衔，专职外藩事务。诸如此类的事例不胜枚举，可见，人情在同窗关系中的作用是多么巨大！因此，同学之间，应创造条件，不断加深彼此关系。

（2）经常聚会

在茫茫人海之中，既然是同学，说明缘分不浅。虽相处时间不长，但这中间的友谊值得珍惜，值得持续下去。办成人生事，同窗之情实属重要。当你与同学分开后，还能保持一种相互联系，这对你的一生，或者说对你将来所要达到的目的与理想有很大的帮助。这其中有利的一面，或许是你没有预料到的，同学有时在很危急的关头能帮上大忙，能起到排忧解难的作用。

但是，要记住的一点，这中间的好处是来自于自己的努力，如果你与同学分开之后没有经常相聚，那么友情深厚从何谈起？从中受益则更是一厢情愿了。所以说，只要你有这份情和这份心，真诚地维持着分开以后的同学关系，那么，你的人脉关系就会更加广泛，路子也会比别人多出几条。

现代社会是个关系社会，同学关系非常重要，如果能将同学关系维护好了，关键时刻也会帮上大忙。

种瓜得瓜，种豆得豆

古人语："种瓜得瓜，种豆得豆。"所以，为了扩大自己的人脉网，增大成功概率，一定不要吝惜自己的感情，多投资，就多收获。

生活中，任何人都不能离开朋友而独自生存。多个朋友多条路，多个敌人多堵墙。当你身处危难境地时，帮助你的往往是你的朋友。如果朋友们不向你伸出援助之手，你有可能会陷入无助之中。

莫桑的父亲过世时，给他留下了一家食品店，这家食品店凭着良好的信誉，在当地早已打出了名声。莫桑接手食品店后，满怀抱负想将它发扬光大，希望它在自己的手中能有更大的发展。一天晚上，莫桑的食品店已经打烊，他和妻子刚要回家休息。正当关店门时，一个面黄肌瘦、衣衫褴褛、双眼深陷的年轻人出现在他的面前，很明显这个年轻人已经很久没有吃过东西了。

莫桑是个心地善良、乐于助人的人。他客气地对那个年轻人说道："小伙子，我能帮你什么忙吗？"

年轻人虚弱地说："这里有吃的东西吗？"他说话的声音虽然很虚弱，但莫桑还是清楚了他的意思。

年轻人害羞地低着头，小声说："我来自墨西哥，到这里来是为了找工作，可是整整两个月了，却没有找到一份适合我的工作。我父亲年轻时也来过美国，他告诉我你们店的信誉非常好，他曾经在这里买过一顶帽子，瞧就是这顶。"

虽然那顶帽子的标记早已经被污渍弄得有些模糊，不过仔细辨认还是可以看清的。年轻人继续说：“我好几天没吃过东西了，也没有钱回家。你能不能……”

莫桑知道眼前站着的这个人，只不过是多年前一个顾客的儿子，可是，出于一片好心，他决定帮助这个小伙子。他让妻子把年轻人请进店内，并给他做了一顿丰盛的晚餐，给了他回家的路费。

十几年过去了，莫桑的生意做得越来越好，美国许多地方都有他的分店，他决定将生意做到海外去。可是问题在于，他在海外没有根基，要想发展必须从头做起，从头开发并不是容易的事，为此莫桑一直拿不定主意。

正在这时，他收到一封来自墨西哥的信，原来给他写信的正是多年前他曾帮过的那个流浪的年轻人。而此人通过自己的努力，已经成了墨西哥一家大公司的总经理，他在信中表明，要感谢莫桑的帮助，并想与他共创事业。这个消息的到来，无疑给莫桑带来了喜讯，他喜出望外地给那位年轻人回了一封信，并表示愿意与他合作。不久，莫桑在年轻人的帮助下很快在墨西哥建立了分店。

有人认为交朋友不是一件很容易的事情，活了大半生也没有交到一个真正的朋友。造成这种情况的原因在于，交朋友者没有付出真心。热心地帮助他人，就相当于施恩于别人，有心人对此牢记在心，日后需要他时，自然会助你一臂之力。

杰克很小的时候，因为家境贫寒，不得不结束自己的学习生涯，14岁时开始四处流浪。

转眼间两年过去了，杰克依然过着贫苦的日子，他和姐夫一起加入阿拉斯加淘金者的队伍中。在队伍里，他结识了许多朋友，在这些朋友当中三教九流什么人都有，但大多数都是美国穷苦的劳动人民。尽管大家的生活非常艰苦，可是他们并没有因生活上的苦而丧失生存的信念。

在众多朋友中，他与一位叫坎里南的人甚是投缘。坎里南来自芝加哥，在他多年的人生经历中，曾经受过许多苦难的折磨，他辛酸的历史简直可以写成一部厚厚的小说。每当他向杰克讲述自己的痛苦经历时，杰克总被感动得潸然泪下。写作的想法在杰克心底油然而生，他想以淘金生活为题材，写一部书。

在坎里南的帮助下，杰克的处女作终于在1899年问世了，当时他只有23岁。随后，一部部精彩的作品也相继出版。因为他的作品都是以淘金工人的贫苦生活为题材，所以受到了广大中下层人士的喜爱，杰克因此走上了成功的道路，生活也不再贫穷。

生活富裕以后，杰克并没有忘记那些与他同甘苦共患难的朋友，他知道吃水不忘挖井人，所以他经常去看望那些穷朋友们，与他们一起喝酒、聊天。可是后来，随着杰克名声的扩大，金钱、地位也越来越多、越来越显赫，他开始过起豪华奢侈的生活，而且是毫无节制地大肆挥霍。他的那些穷朋友，也被他遗忘了。

一次，好朋友坎里南前来探望他，可是杰克只是忙于应酬而忽略了坎里南，一个星期内只与坎里南见了一面。

坎里南对杰克非常失望，伤心地转身离开了。从此，他的那些穷朋友们再也没有出现在他的生活当中。杰克再也写不出好的作品了，因为他离开了朋友，离开了写作的源泉。

1916年11月22日，处于精神和金钱危机中的杰克，选择了以死来了结生命，悲惨的命运从此画上了句号。

由此可见朋友的重要性，杰克就因为忽视了这一点，才落得悲惨的下场。

如何扩大人际关系已成为当今人们急于求知的问题。其实很简单，只要人们把施恩于人与知恩图报放在心中一个重要的位置就可以了。种瓜得瓜，种豆得豆，播下什么就收获什么。

学会识人，交不同层次的朋友

刚走上工作岗位不久的年轻人，由于没有足够多的人生阅历和经验，所以在辨别不同的人时，总要费点心机，聪明人懂得分辨和接纳不同层次的朋友，这也是交朋友的一种技巧和手段，要学会识人。

常听人说："千金易得，知己难求。"有人慨叹：相识满天下，知己无一人。可见知己难求，大多数人都是泛泛之交的朋友。

不是每个人都会对我们推心置腹，我们也不能期望每个朋友都愿与我们坦诚相待，耐心听我们发牢骚。友谊的多彩，就在于它不单有知己深交或泛泛之交，而是在此二者之间存在了多种深浅不同的层次。

我们是否懂得分辨和接纳不同层次的朋友，要对他们有合适的期望，同时了解增进与维系各种情谊。

我们可以将不同的朋友分为不同的种类，并懂得用不同的方式和方法去对待：

（1）知己

知己是我们人生中绝难找到的极少数朋友，他们可以诚意地接纳我们的优点，也会接纳我们的缺点，处处忠诚地为我们着想。他们像面镜子，能给予我们劝勉和鼓励；又像影子，永远对我们信任、支持，是维持我们精神健康的支柱。

不过，对于知己，我们也有义务不断地付出，同样舍己地为别人的益处着想。去接纳、支持、聆听和帮助，是知己的责任。值得切记的是不要滥用知己的权利——知心朋友不等于"黏身"朋友，更不能要求对方完全同意自己、迁就自己。

（2）"死党"

他们多是一些来往密切，与自己的生活圈子很接近的朋友，彼此有相同的思想，相同的遭遇，故而很容易谈得来，在行动上有默契地成为一伙，组成小圈子活动。

"死党"是我们日常生活的好伙伴，可驱除孤单感，增加自信心，为生活增添色彩和热闹，是自己很好的支柱。

但"死党"要能相处愉快，就需要大家彼此迁就，不一意孤行，有合群的性格，才能发挥联合的力量。"死党"有事求助我们该挺身给予援手，常加鼓励，将此看作自己的本分。不过，可不要单单陶醉在这个"小圈子"里，完全排斥外界朋友，否则，可能会失去很多宝贵的友谊，更不要依靠后盾和势力而互相纵容。

（3）老友

他们是与我们很熟悉、相识多年的老朋友，如老同学、一起长大的玩伴等。大家见面的机会未必很多，但基于彼此熟悉，每次相逢都可以天南地北地亲切交谈，成为一段畅快的经历。他们不是知己，有困难也未必会想到他们。大家的性格也未必接近，不过友谊耐久而隽永，值得我们去珍惜和主动自然地表示关系。不要因为来往少而让友谊止于寒暄、敷衍的地步。

（4）来往密切的朋友

因为活动圈子相同，我们可能交到一些接触密切的朋友，如上司、老师、同学等。他们很熟悉我们的生活小节，但却未必是那些相互了解，可倾诉心事的人。

对于这些朋友，虽然大家每日共同学习或者一起工作，但不能对人要求太高，因为彼此都没有什么承诺和默契。起码相处应不忘礼貌，言行一致，工作上给予人方便，都是我们该遵守的，因为他们正是最能看透我们言行、工作能力和态度的人。不要老摆出外交式的笑容和虚假态度。

（5）单方面投入的朋友

有些人可能对我们很着迷和信任，常把心事向我们倾诉，但我们却没有那种共同的推心置腹的感觉。有些时候，我们对某人特别崇拜倾慕，而对方却未必有热烈的反应，这种不平衡的关系多产生一些不同位置的朋友之间，当然普通朋友间也有这种不平衡现象。

当受人仰慕的时候，可不要轻看和玩弄别人的友情，或表示讨厌和高傲的态度，该尽力去助人成长，给予中肯意见，鼓励他发展独立精神，认识其他朋友。

当我们倾慕别人的时候，也不要成为他人的累赘，过分依赖。而应该积极从他人身上学习长处。切记，不要盲目崇拜，胡乱投入感情。

（6）普通朋友

这类朋友占了我们朋友圈子的大部分。他们可以和我们扯东扯西，谈些无关痛痒的话题，不过交情上可是谁也不欠谁，不会叫大家牵肠挂肚。

虽说是普通朋友，也可成为游乐时的好玩伴。有难事，也可向有专门知识的个别朋友请教。这些来自不同背景的朋友能充实我们的知识，令我们感受到"相识遍天下"的温暖。

这类朋友，只要我们肯扩张生活圈子，自然不会缺乏。至于感情发展，顺其自然好了，别对人要求太苛刻，他们会受不了的。

（7）泛泛之交

大家的友谊仅止于认识的阶段，是点头之交，连普通话题也未必有机会聊上。大家若能做到见面时打打招呼，保持礼貌距离，已是很不错的了。千万别对人随便过分信任，否则误交朋友，后悔可就迟了。

（8）朋友之外的朋友

除了以上七种，我们身边还有一些亦亲亦友的朋友，他们不是严格意义上的朋友，但彼此间的情谊不止于友情。

伴侣：共同生活的伴侣该是超越了一切层次的知己。他们对我们的了解，应较任何其他人更加深入。建立在深厚友谊的爱情才是恒久的爱。

父母：在朋友的清单上，我们常会忽略了自己的父母，其实在人的一生中，父母都是我们的尊敬的对象，是比普通朋友更愿随时帮助我们的老朋友。父母与子女间常有的摩擦，起因可能就在于我们太执着、太随便，而苦于以待朋友的态度彼此相处。

手足：要待父母如朋友，可能因年龄上的距离，比较困难。兄弟姊妹的年龄思想较为接近，当然较易成为好友。手足可以是我们的"死党"，甚至知己。

"哥们儿"之间要避免意气用事

随着社会不断地发展，人心也越来越复杂，很多人性的阴暗面也暴露出来，朋友间的感情也受到了污染，不过很多人认为还有哥们儿之间的感情能够让人信服，让人不可怀疑。但是往往就是因为哥们儿之间的意气用事而产生了很多的麻烦，所以，在哥们儿面前也要学会保持冷静，不要失去心机和理智。

铁哥们儿的诱惑在于"有福同享，有难同当"，在于"两肋插刀"的气魄。有这么多诱人的东西摆在面前，仿佛只要有了铁哥们儿，一切问题就都不是问题了。但铁哥们儿也不是万能的，没钱的时候、苦闷的时候、有钱的时候、高兴的时候找到铁哥们儿，都是最好不过的事，但有"心机"的人都拒绝一件事，那就是和铁哥们儿一起共事。

这得从铁哥们儿是怎么交下来的谈起，"君子之交淡如水"，这句话的确很有道理，因为假如一开始两个人之间就充满了利益的矛盾，他们是很难毫无芥蒂地走到一起去的，所以，一般情况下铁哥们儿只能是同学、战友、打小一起和泥长大的玩伴。因为没有利害冲突，所以就可以肆无忌惮地说东道西，聊天喝酒，一个星期见一回面或者更久，彼此有一点牵挂，然后更多的时间里是各忙各的。

铁哥们儿适合的范围就在于此。而一旦走到一起去了，按现在的社会衡量能做什么呢？最切合实际的就是赚钱，来路正的钱当然很好，但这里面有一个谁领导谁的问题，哥们儿之间还可以有一个大哥，但铁哥们之间就难分彼此了。平时觉得意气相投，直来直去惯了，可工作就不能这样了，总得有人说话更有分量一些，但一个人一个想法，一个人一套思路，憋在心里，日久天长就会产生摩擦，产生隔阂，到最后好说好散还好，就怕弄得钱没赚到，反倒丢了朋友。

一位朋友去旅游结婚，他的一个铁哥们儿正好也要出去办事，顺路，于是结伴而行，这还不是什么有利害冲突的事。但一路走下去，双方都很失望，因为在那个过程当中，双方都不自觉地暴露了太多"淡如水"时无法发现的缺点，于是友谊便大大地打了折扣。

铁哥们儿之间共事还有一个不成文的定律，那就是大家的素质都很高，那么导致的结果就是窝里斗。如果大家的素质不高，甚至还有破坏力很强的人，那么铁哥们儿共事的结果就是缺点的大综合，把本来能向好的方向发展的事搞得一无是处。好比你爱财，我很喜欢暴力，那么我们就有可能真的去做什么坏事了。即使不去同流合污，那你如果不是大义灭亲的话，又难免帮着保守一个见不得人的秘密，这是一件多么痛苦的事。

或者就让朋友们甘愿平庸，千万不能指望着有什么奇迹发生。但是，假如你非得与哥们儿共事，并且坚信不会造成任何有损于友谊的不良后果，那也可以，但你必须有足够的心理准备去承受失败。说一个最简单的例子，比如：桃园三结义的刘、关、张，友谊可谓轰轰烈烈，千古流芳，但他们共事的结果是什么呢？一事无成而已。这里面更可怕的潜台词是刘备太倚重两个兄弟，结果诸葛亮对关、张二位就纵容了，华容道那档子事，以诸葛亮的脾气关羽该斩，但看在刘备的面子上，这事连提也不能提了，耽误多大的事。

一个人有铁哥们多半是为了更好地生存，更好地成就一番事业，而古今中外能够有所作为的人恰恰是那些不指望哥们的人。曹操一代奸雄，秉性多疑，没有一个朋友，但偏偏是他打下了基业，别人只能望其项背，自叹弗如。

在生活中，凡事只有靠自己，最好的哥们也不能过分依赖。

要有选择地去结交朋友

朋友是人生中不可或缺的一部分，有句话说得好，"近朱者赤，近墨者黑"，交好朋友能让你受益一生，而交坏朋友，可能就会让你的人生走向歧途。所以，年轻人在选择朋友的时候，一定要慎重。

千里难寻是朋友，朋友多了路好走。朋友，是人生交际中的主流，哪个也不能少，哪个也不可丢。上溯千古，下至未来，人生永远要朋友。交朋友有一定要讲策略，主要注意以下几点：

（1）多交必滥

交友结友不在多，而在于质量，多交必滥，这是在中国古代人对交朋友的经验总结。人们常说："朋友遍天下，知心有几人。"的确，知音难觅，况且，一个人的精力是有限的，如果不加选择，一味地以多结交朋友为荣，则会整日忙于应酬，把大部分精力都放在与朋友的周旋上，必然影响自己的正常工作、学习和生活。

再者，结交的人多了，也必然影响到对朋友的观察和鉴别，如果所结交的人中有品行不端或用心不良者，也很可能给你带来危害。在社会上，确实有这么一种人，以广泛结交朋友为荣，可以说三教九流，无所不交。严格地说，这不是在交朋友，只不过是不负责任的一般交际行为。真正的朋友不在于相互利用，而在于共同的志向和思想，在于互相帮助，使生活增加乐趣，让友谊为你的生活再增加一些光彩。

（2）不可轻率

我们应把结交朋友看作一项十分严肃的事情。当你在结交朋友时，一定要认真对待，绝对不可轻率。在与对方交往的过程中，要注意观察对方的思想、兴趣、爱好、品质和行为，掂量一下是否值得结交。当然并不能强求朋友是各方面都比自己强的人。

孔子说不要和不如自己的人交朋友，这种观点虽然带有很大的片面性，但也说明了交友不可轻率。因为朋友之间本是互有短长的，在这方面你有优点，在其他方面他有特长，朋友相处，长短互补，这也是交朋友的益处之一。请不要误会，孔子的意思是要交思想纯净、品德高尚的人，向这样的人看齐。

还要注意，看朋友是否值得结交并不是不允许朋友有缺点。人无完人，朋友也是如此。只要你所结交的朋友品行端正，能够真心帮助你，不至于对你有害，就可以了。

（3）谨慎择友

我们在择友时，首先一定要明确自己的标准，结交品行端正、心地善良、乐于助人、勤奋上进的人。这样的朋友就是益友，一生中他们都会对你有很大帮助。有的人以兴趣相投作为唯一标准，而不论对方的思想品行，只讲朋友义气，只要你对我好，我也对你同样好。你敬我一尺，我敬你一丈。你肯为我赴汤蹈火，我也会为你两肋插刀。至于是否有利于自己，有利于他人和社会，则根本不考虑了。在他的朋友中，既有讲吃讲喝者，又有讲玩讲闹者，甚至还有为非作歹、流氓地痞之类的人。这样一来，难免影响到自己。

因此，我们一定要慎重选择朋友，切不可滥交，一定要避免和那些道德品行不端的人结交，免得沾染恶习。

一些人因交友不慎走上违法犯罪的道路，从而使自己的前程、理想、事业全部化为乌有。某法制报以《一个企业家的毁灭》为题刊载了这样一个故事：某建筑安装工程有限责任公司经理赵某，在业务往来中结交了许多朋友。一天，一个朋友和他一起吃喝玩乐后把他带到宾馆的一间豪华房间，神秘地递给他一支香烟。赵某毫不介意地抽了起来，不一会儿，赵某感到异样，这时，朋友告诉他，香烟中放了毒品。赵某当时十分气愤，转身就离去了，但初次吸毒的体验使赵某产生了这样的想法，再吸一次。于是，他再次找到那位朋友，又要了一些毒品。

从此，赵某一发而不可收，一个月过后，他已经成了一个十足的瘾君子。公司业务没心思过问，妻子也不去关心，他只是不断地动用自己的积蓄，花费巨资用来购买毒品，而向他提供毒品的，正是引诱他第一次吸毒的那位"朋友"。

短短两年时间，赵某就花掉了几十万元的积蓄，妻子多次规劝，赵某自己也曾多次痛下决心戒毒，两次进戒毒所，但都无济于事，妻子失望之余离他而去，赵某也悔恨不已，终于有一天想不开，跳楼自杀，结束了自己的生命。本来是一个颇有前途的企业领导，就因为交友不慎而走上了不归路。

交朋友是一门大学问，尤其是走上社会以后，各色人等聚在一起，可谓良莠不齐，在选择朋友的时候一定要慎重，在观察好了一个人的真正品性后，再深交也不迟。

善于结交成功人士

"感谢周围的人对我的帮助"，这是多数成功的创业者常常挂在嘴边的话。周围的人即人缘。是否有人缘，大大地左右着事业的成功与否。所以创业者要注意从年轻时代起建立人缘，建立高层次的人际关系。

说到人缘，也许首先想到的是朋友吧，同学、前辈、同乡朋友、朋友介绍的朋友等。当然，这些故交也是一种人缘。

立志创业的人，不应该过分地依靠老友，而要不断地建立新的人缘。重要的是通过新的人缘扩大自己的世界，扩大视野。比起相同立场的人，不同行业、不同职业的人，或者不同年龄段的人更好。年轻的时候与长辈交往，年长以后与年轻人交往最好。

那么，怎样才能建立起新的人缘呢？为此，要有具体的行动。即积极地走出去，扩大与人交往的机会。只靠坐着等待，人缘是不会从对面走过来的。

公司以外的各种各样的聚会要率先出席。不仅是公司，各类家庭聚会也要参加，不要嫌麻烦。如果有不同行业的交流会之类，也要主动地参与筹划。

性格内向的人特别回避这种聚会，其实这正是鞭策自己的场合，必须以坚强的意志克服自己的厌倦情绪，积极地参加。要有坚强的意志，具备"要当创业者""要更加富有"的愿望。必须克服厌倦情绪。有人自认为属于人缘广的人，但实际上性格很内向。由于内向，回避与人的交往，做不了创业者，所以硬是强迫着创造了善于社交的自己。试着搞社交活动，会发现人生实际上是很快乐的。把内心封闭起来的躯壳，一经行动便会被打破，一经打破，其后自会容易得多。

参加各种聚会时，要注意几点：

第一，互相舔舐伤口那样的聚会不要参加，因为难免被说成"小鱼就爱成群扎堆"。其中还有一边声称学习、交流，一边喝酒互诉牢骚，以求互相安慰的聚会。这种聚会百害而无一利，知道后要赶快溜走。

第二，努力做聚会的领导者。如果只是满足于当一个一般成员，那么，你就不容易引起大家的注意，不能建立起人缘。当然，有发言的机会时要常常积极地发言，提出各种方案，给与会者留下深刻印象。第二次聚会自己要首先邀约。总之，要使自己的存在得到好评，使自己获得实质上的主宰地位。

第三，给予胜过获取。只求获取没有给予的人会使人讨厌，给予了自然就会有获取的机会。各种学习聚会，与其去受教育，不如抱着去参与的心情参加，结果不是能获得更大的益处吗？

在这里建议一个最为重要的人缘形成方法，即充分利用一流的酒吧。一流这一点很重要，一流的俱乐部或酒吧聚集一流的人物。去几次在一定程度上面熟后，彼此会自然地成为熟人。有时不去拜托，酒吧老板也会说"给你介绍个朋友"，为你斡旋一番。俱乐部的老板是高明的介绍人，会为你考虑合适的人选。

当然，一流的地方酒费相当高，但是，从长远来看，这笔钱会成倍地返回来。立志做创业者的人，应当为投资而倾囊。总之为了建立高水平的人缘，有必要把自己置身于高水平的场所，即使有点破费，也应该出入一流的社交场所。

朋友不在于多，而在于精

"有了朋友，生命才显示出全部的价值。智慧，友爱，这是照亮我们黑夜的唯一光亮"。一个人的成功，除了时、运、命和自身的努力之外，还离不开众多朋友的支持和帮助。

人们可能都有这样的体会，有的人平时朋友多得没法数，前呼后拥好不威风，可到有事需要朋友帮助的时候，却抓不住一个，全都跑得无影无踪。有的人平时朋友并不多，可在需要时个顶个全都鼎力相助。其中的原因就是交朋友时没有分级。

朋友相交以"诚"，此乃至理，那为何又要分"等级"？这不就不诚了吗？非也！

某地有个很成功的商人，朋友无数，三教九流都有，他也曾逢人就夸，说他朋友之多，天下第一。后来有人问他，朋友这么多，他都同等对待吗？

他沉思了一下说："当然不可以同等对待，要分等级的！"

他说虽然自己交朋友都是诚心的，但别人来和他做朋友却不一定都是诚心的。在他的朋友中，人格清高的朋友固然很多，但想从他身上获取一点利益，心存二意的朋友也不少。

"对方有坏意，不够诚恳的朋友，我总不能也对他推心置腹吧！"这位商人说，"那只会害了我自己。"

所以，在不得罪"朋友"的情况下，他把朋友分了"等级"，即有"刎颈之交级""推心置腹级""可商大事级""酒肉朋友级""嘻嘻哈哈级""保持距离级"等。他就根据这些等级来决定和对方来往的密度和自己心窗打开的程度。

"我过去就是因为人人都是好朋友，受到了不少伤害，包括物质上的伤害和心灵上的伤害，所以今天才会把朋友分等级。"很明显，"刎颈之交级""推心置腹级""可商大事级"的朋友，是可以利用的好朋友。

把朋友分等级听来似乎无情，但听了那位商人的话，使我们觉得分等级的确有其必要——为了便于利用和保护自己免受伤害。

要把朋友分等级其实并不容易，因为人都有主观的好恶，因此有时难免会把一片赤诚的人当成一肚子坏水的人，或把坏人当成了好人，甚至在旁人点醒时还不能发现自己的错误，非等到被朋友害了才大梦初醒。

所以，要十分客观地将朋友分等级是十分困难的，但面对复杂的人性，你非得勉强自己把朋友分等级不可。心理上有分等级的准备，交朋友就会比较冷静客观，就可在关键时用得上，并且把伤害减到最低。

要把朋友分"等级"，对感情丰富的人可能比较难，因为这种人往往在对方尚未把他当朋友时，他早已投入感情；而且把朋友分等级，他也会觉得有罪恶感。

任何事情都要经过学习，慢慢培养这种习惯，等到了一定年纪，随着经验和阅历的增多自然不用人提醒，也会把朋友分等级了。

分等级，可像前述那位商人那样分，也可简单地分为"可深交级"和"不可深交级"。

可深交的，你可以和他分享你的一切，不可深交的，维持基本的礼貌就可以了。这就好比客人来到你家，真正的客人请进客厅，推销员之类的在门口应付就行了。

另外，也要根据对方的特性，调整和他们交往的方式。但有一个前提必须记住，不管对方智慧多高或多有钱，一定要是个好人才可深交，也就是说，

211

对方和你做朋友的动机必须是纯正的，不过人常被对方的身份和背景所迷惑，结果把坏人当好人，这是很多人无法避免的错误。

如果你目前平平淡淡或失意不得志，那么不必太急于把朋友分等级，因为你这时的朋友不会太多，还能维持感情的朋友应该不会太差。但当你有成就了，手上握有权和钱时，那时你的朋友就最好分个等级，因为这时有很多的朋友是另有所图，而并非真心。